持ち歩き

出会ったときにすぐ引ける

草花と雑草の図鑑

金田初代 (文)

金田洋一

JN081546

西東社

もくじ

本書の特色と使い方 ・・・・・・・・・・・・・・・・・・・・・・・・・・・・・・・・・ 4

COLUMN 豆知識

※季節を、春、夏、秋に分け、さらに人里、山地、湿地、海岸に分けて紹介していますが、似ている
ものの区別点をわかりやすくするため、一部季節や生育地を移したものもあります。なお、取り
上げた植物は科名でまとめましたが、順不同で記載されています。

本書の特色と使い方

本書では、人里、水田や畑の周り、雑木林、山麓、湿地、土手、河原、海辺などで身近に見られる野草約520種を紹介しています。イネ科やカヤツリグサ科、シダ植物についてはごく身近にあるものを取り上げました。近年は、環境の変化などで、在来種よりも帰化植物が多くなりましたが、それらも紹介しています。

春 夏 秋 — 季節は、花が見られる時期を春、夏、秋に分けて示した。

春 人里 ← **人里 山地 湿地 海岸** — この植物が最も多く見られる場所を、人里、山地、湿地、海岸にわけて表示した。

標準和名で、すべてカタカナで記し、あわせて漢字名も表記した。

名前がつけられた由来や特徴、見分けるポイントなどの情報を紹介している。

ハルジオン
春紫菀

北アメリカ原産の帰化植物。観賞植物として輸入したものが野に逃げ出し、戦後各地に広がりました。つぼみの頃は花序ごとおじぎをするように垂れますが、開くと上向きになります。葉が茎を抱くようにつき、茎を切ると中が中空です。白く詰まっているヒメジオン（➡P97）と区別できます。名は春に咲くシオンという意味です。

花期	4～6月
花色	白色
生育地	人里：道ばた、空き地、荒れ地、河川敷
分布	全国（帰化植物）
分類	キク科 ムカシヨモギ属 多年草
高さ	30～60㎝

▲花が濃いタイプもある。頭花は直径2～2.5㎝で、舌状花が多数ある

▲地下茎が這って生育する

花の中が詰まっておらず空っぽの状態

▲長楕円形の根は花期にも残っている

▲葉は長い毛におおわれている。茎葉の基部が茎を抱く。茎の中が詰まっていらず空っぽの状態。よく似たヒメジオンは、茎の中が詰まってい

主に花と全体の草姿を紹介し、見分けるポイントとなる部分をアップで見られるようにしている。

その植物を観察するうえでポイントとなる部分や、近縁種、あるいはよく似ている植物との違いがわかるように観察のポイントを写真で示した。

植物データ

花期 花が咲く時期。ただし、地方によって花期のずれが生じることもある。

花色 ふつうに見られる花色を記しているが、濃淡など微妙な差があるので、目安の色となる。

生育地 どんな環境に生えているかを具体的に記している。

分布 日本国内での分布地域。

別名 標準和名のほかの呼び名。

分類 名前を記した植物が属する科名と属する属名、発芽してから結実するまでの生活型を記した。

●1年草：芽生えてから開花、結実までが1年以内でその後枯れる草 ●2年草：発芽したその年は開花せず、2年目になって開花結実し、1度実を結ぶと枯れてしまう草 ●越年草：1年草の中で秋に発芽して冬を越し、春に開花、実を結ぶと夏までに枯れて種子を残す草 ●多年草：1年で枯死せず、同じ株が何年も生長を続ける草

高さ 開花期の植物の高さを記している。つる性の植物はからみつくものによって高さが変わるため、「つる性」としている。

春の
草花と雑草

晩秋に芽生え、ロゼットになって厳しい
冬を過ごした草花も、温かい風が吹く頃
には淡いピンクやブルーの花を咲かせて、
野原を彩ります。市街地の家の周りや駅
への道、いつもの散歩コースでちょっと
足を止めて、可憐な野草や雑草の花を楽
しみましょう。

ノゲシ

野罌粟、野芥子

羽状に裂けた葉は縁がギザギザしていますがとげはありません。茎の上部に互生する葉は柄がなく、茎を抱いています。太い茎は軟らかで中空、葉や茎を切ると白い乳液が出ます。タンポポを小さくしたような花が早春から秋のころまで咲き続けます。葉がケシの葉に似て、野に生えているのが名の由来ですが、ケシの仲間ではありません。

花 期	3～10月
花 色	黄色
生育地	人里 畑、道ばた
分 布	ほぼ全国
分 類	キク科 ノゲシ属 越年草
高 さ	50～100cm

全体に無毛。花径2cmほどの花が茎や枝の先に数個ずつ咲く。暖かい地域では1年中咲いている

▲根生葉で冬越しするが、暖地では1年中発芽する

▲白っぽい緑色の葉は光沢がなく、基部の両端がとがって突き出て茎を抱く

オニノゲシ

鬼野罌粟、鬼野芥子

花 期	3～10月
花 色	黄色
生育地	人里 荒地、道ばた
分 布	ほぼ全国 (帰化植物)
分 類	キク科 ノゲシ属 多年草
高 さ	50～120cm

ヨーロッパ原産で、明治時代に渡来した帰化植物です。ノゲシに似ていますが、ノゲシより大形で、葉の質が硬く光沢があります。太い茎の上部に互生する葉の基部は、半円形になって茎を抱いています。ギザギザと切れ込んだ葉の縁の先が鋭いとげ状になって、触ると痛く、荒々しい感じがすることからオニの名がついています。

▲根生葉で越冬。根生葉も鋸歯の先がとげ状で、触れると痛い

濃緑色の葉の基部は丸く半円状に茎を抱き、ノゲシのように大きく突き出ることはない

▲花径2cmほどの花が、茎や枝の先に数個ずつ咲く

ジシバリ
地縛り

軟らかで細い茎の節から根を出して四方に広がる様子が、地面をしばるように見えるのが名の由来です。葉は白緑色をした卵形で、質が薄く軟らかです。細い花茎の先に明るい黄色の花を開きますが、花茎に葉はつきません。よく似たオオジシバリは、ジシバリよりもやや大形です。葉が細長いへら形なので、ジシバリと区別できます。

花 期	4〜7月
花 色	黄色
生育地	人里、道ばた、畑のまわり
分 布	全国
別 名	イワニガナ
分 類	キク科 タカサゴソウ属 多年草
高 さ	10cm

地を這う茎の間から花茎を伸ばし、先端に2〜2.5cmの舌状花のみの花をつける

▲葉は卵円形で質が薄く、柄とともに長さ5cm前後

オオジシバリ

▶舌状花のみの花はジシバリより大きく花径約3cm。花茎は高さ10〜20cmで、花茎に葉が1個つくことが多い

▲葉はへら形で質は軟らかい。長さ5〜20cm

セイヨウタンポポ

人里 春

─西洋蒲公英─

花期	3～10月
花色	黄色
生育地	人里：荒地、道ばた、市街地、牧草地
分布	ほぼ全国（帰化植物）
分類	キク科 タンポポ属 多年草
高さ	15～30cm

ヨーロッパ原産の帰化植物。食用に栽培していたものが日本全土に広がったのではないかといわれ、とくに都会近くでは通行量の多い車道のわきでも見られるほど、圧倒的に多くなっています。花の外側の総苞片が大きく反り返えること、在来種のタンポポと違って秋遅くまで咲いていること、授粉しなくても結実することなどが特徴です。

▲花径4～5cm。在来種より多い200～300個の舌状花が集まって頭花をつくっている

根はゴボウ根で長い

総苞

総苞の外片がめくれて反り返るのが特徴

総苞片

▲宅地や空き地、道ばたなどどこでも見られ、群落をつくっている

在来種のタンポポ

日本には約20種のタンポポが自生しているといわれ、分布地域でカントウタンポポ、カンサイタンポポ、エゾタンポポなどに分けられるほか、花の白いシロバナタンポポもあります。これらはいずれも平地性で、花の付け根の総苞片の形で見分けます。在来種は総苞が反り返らず花を抱くように立っていますが、総苞片に突起があるものやないもの、さまざまな形があります。

カントウタンポポ

関東蒲公英

日本産タンポポの代表的な1種。花茎が太く、総苞片の先端にこぶ状、あるいはかぎ状の突起があるので、カンサイタンポポと区別できます。

花期	3〜5月
花色	黄色
生育地	人里 道ばた、草地
分布	関東地方〜 中部地方東部
分類	キク科 タンポポ属 多年草
高さ	15〜30㎝

花径4㎝。カンサイタンポポより大形で、頭花ががっしりしている。総苞片の先端にはっきりした突起がある

カンサイタンポポ

関西蒲公英

全体にほっそりしてやさしい感じがします。花を包む総苞の外片は細くて短く、先端のかぎ状の突起がないか、あってもごく小さく目立ちません。

花期	3〜5月
花色	黄色
生育地	人里 道ばた、草地
分布	本州（近畿地方以西）、 四国、九州、沖縄県
分類	キク科 タンポポ属 多年草
高さ	10〜20㎝

花径3.5㎝。タンポポの仲間では花の大きさが最も小さい。総苞片は幅が細めで、突起が目立たない

豆知識 子孫を広げるために種子を遠くに飛ばす

　タンポポは別名ツヅミグサ。名の由来は、鼓を打つときのタン・ポンポンという音から連想したという説が有力です。タンポポの仲間は、小さな舌状花が多数集まってひとかたまりになった頭花をつけます。花は日中開いて夕方に閉じます。果実が熟す頃になると、風を受けられるように花茎がさらに伸び、天気のよい日に種子を飛ばします。

綿毛をつけた実は風で飛ばされる

シロバナタンポポ

白花蒲公英

西日本で多く見られます。名前の通り花が白いタンポポですが、雄しべが黄色いので、中心部は黄色に見えます。総苞片は帰化種ほど大きく反り返りません。

花 期	3〜5月
花 色	白色
生育地	人里 道ばた、草地
分 布	本州（関東地方以西）、四国、九州
分 類	キク科 タンポポ属 多年草
高 さ	15〜30㎝

花径4㎝。花が白いタンポポは本種のみ。総苞片は外へ開くが外来種のように垂れ下がることはない

エゾタンポポ

蝦夷蒲公英

北日本では平地の山里近く、関東地方以南では山地の道ばた沿いや林縁で多く見られます。総苞の外片は他のタンポポより丸みのある広卵形で直立します。

花 期	3〜5月
花 色	黄色
生育地	人里 草地、林縁、山野
分 布	北海道、本州（中部地方以北）
分 類	キク科 タンポポ属 多年草
高 さ	10〜20㎝

頭花が4〜5㎝と大きく、舌状花も多数ある。総苞外片は幅が広く、先端にかぎ状の突起物がない

キツネアザミ

狐薊

すらりと伸びた茎に羽状に深く裂けた葉が互生します。葉のふちにとげはなく、裏面には白い綿毛が密生して軟らかです。上部で分枝した茎の先に、すべて筒状花からなる頭花が直立して咲きます。アザミに似ているのにとげがなく、よく見ると違うことから、キツネにだまされたというのが名前の由来ですが、アザミの仲間ではありません。

花期	5〜6月
花色	紅紫色
生育地	人里：休耕田、野原、田畑の畦、道ばた
分布	本州〜沖縄
分類	キク科 キツネアザミ属 越年草
高さ	40〜80cm

▲上部で枝分かれし、ピンクの頭花が上を向き咲く

▲羽状に深裂した葉が放射状に並び、ロゼット状に根生葉を広げる

チチコグサ

父子草

根元から匍匐茎を出し、新たな株をつくってふえます。線形の葉は裏面に綿毛があり白っぽく見えます。根生葉はロゼット状に広がり花時も残っています。数本立ち上がった茎に少数の葉が互生し、先端に褐色の多数の頭花がひとかたまりになって咲きます。頭花の基部に数枚の苞葉が星形に開いてよく目立ちます。

花期	5〜10月
花色	黄褐色
生育地	人里 草地、畑、芝生
分布	全国
分類	キク科 チチコグサ属 多年草
高さ	8〜25cm

▼根生葉の間から何本も茎を立ち上げ、5mmほどの小さな花を多数つける。暗褐色に見えるのは総苞の色

▼地面を這うランナーを出してふえるので群生するが、ハハコグサ（➡P14）ほど多くは見かけない

チチコグサモドキ

父子草擬

花期	4～10月
花色	淡褐色 (総苞)
生育地	人里：道ばた、畑、庭先、空き地
分布	ほぼ全国 (帰化植物)
分類	キク科 ウスベニチチコグサ属 1～越年草
高さ	10～30cm

▼葉は先端のほうが幅が広いへら形で長さ1.5～4cmで互生する

▲下部からよく分枝し、茎の上部の葉腋に頭花がかたまってつくので、全体が穂状の花序になる

熱帯アメリカ原産で、大正末～昭和のはじめに渡来しました。茎も葉も綿毛が多く、全体が灰白色を帯びています。へら形の葉が互生し、上部の葉腋に頭花が数個ずつかたまってつき、花序全体が短い穂のように見えます。花を包む卵形の総苞の下半分が長い綿毛に覆われ、茶色っぽい花が印象的。冬も暖かい暖地では1年中花が見られます。

ウラジロチチコグサ

裏白父子草

花期	4～7月
花色	黄褐色
生育地	人里：道ばた、畑、庭先、空き地
分布	ほぼ全国 (帰化植物)
分類	キク科 ウスベニチチコグサ属 2～越年草
高さ	10～30cm

▼ロゼット状の根生葉。冬でも緑のままだが、名前通り葉の裏面が白いのが特徴

▼比較的新しい帰化植物で、市街地でよく見る。茎の上部に直径4mmほどの頭花をつけ、全体が穂のようになる

南アメリカ原産で、1970年代頃から広まったと思われています。現在、関東地方で最も多く見られる雑草のひとつで、道ばたや空き地のほかグラウンドや公園の植え込みなどでもよく見られます。葉の表面は毛が少なく光沢のある濃緑色ですが、裏面は綿毛が密生して真っ白です。黄褐色の花は茎の上部の葉腋に多数集って付きます。

ハハコグサ

─ 母子草 ─

全体に軟らかい白い綿毛に覆われ、白っぽく見えます。へら形の葉がロゼット状になって冬を越し、根元から立ち上がる茎の先端に黄色い小さな花がかたまって咲きます。春の七草のひとつオギョウ（ゴギョウ）としても知られています。頭花の冠毛が蓬け立つことから、古くはホウコグサと呼ばれ、それがハハコグサに転じたのが名の由来。

花期	4〜6月
花色	黄色
生育地	人里 道ばた、畑
分布	全国
別名	ホウコグサ、オギョウ
分類	キク科 ハハコグサ属 越年草
高さ	15〜40cm

▲花が咲くころ根生葉は枯れている

◀黄色に見えるのは総苞片でよく目立ち花はときには秋まで咲き続ける

▲春の七草のひとつ。ふわふわした毛に覆われた根生葉は、ヨモギが使われる前は餅に入れて草餅をつくった

！
頭花は長さ3mmほどで、花の周りにも綿毛がある

ブタナ

〳 豚菜 〵

花期	4～10月
花色	黄色
生育地	人里：道ばた、空き地、畑、芝地、荒地、土手
分布	全国（帰化植物）
別名	タンポポモドキ
分類	キク科 エゾコウゾリナ属 多年草
高さ	50～80㎝

ヨーロッパ原産で、昭和の初めに札幌で発見されて以来各地に広がっています。葉はすべて根元から出て、ロゼット状になります。葉は羽状に裂けるもの、裂けないものがありさまざまです。花茎は上部で1～3本に分かれて先端にタンポポに似た花を開きます。タンポポによく似ていることからタンポポモドキと呼ばれることもあります。

▶ひょろりと伸びる花茎が枝分かれして花をつけるので、タンポポとは違うのがわかる

▲ブタが好んで食べることから、フランスでは俗に「ブタのサラダ」と呼び、直訳したのが名の由来

▲タンポポに似た葉が地面に密着してロゼット状に広がる。葉の両面に黄褐色の剛毛が密生する

◀タンポポに似た頭花は花径3～4㎝。舌状花の先が5裂して咲くのは、タンポポと同じ

コウゾリナ

剃刀菜、顔剃菜

茎や葉に褐色または赤褐色の剛毛があり、触れるとざらざらします。ひげをそった後のような感触から「顔剃菜」、あるいは顔をそるのに使う剃刀に例えた「剃刀菜」が転じたという名の由来があります。茎や葉を傷つけると白い汁が出ます。茎の上部で枝分かれし、初夏から秋まで、タンポポを小さくしたような花を次々咲かせます。

花期	5〜10月
花色	黄色
生育地	人里 草地、道ばた
分布	北海道〜九州
分類	キク科 コウゾリナ属 越年草
高さ	30〜100cm

◀上部で枝を分けて多くの頭花をつけ、花後、タンポポのような冠毛をつける

▲根生葉は山菜としても利用できる。天ぷらや炒めると剛毛も気にならない

▲茎の表面にも剛毛があり、触るとざらざらする。茎につく葉は披針形で互生する

▲舌状花のみをつける頭花。花径2〜2.5cm

コオニタビラコ

小鬼田平子

花期	3〜5月
花色	黄色
生育地	人里 水田、田の畦、河川敷
分布	本州〜九州
別名	タビラコ
分類	キク科 ヤブタビラコ属 越年草
高さ	10cm

羽状に裂けた葉を地面に広げ、軟らかな茎を数本斜めに伸ばして小さな花をつけます。春の七草のホトケノザは本種のことです。オニタビラコにくらべて小型なのが名の由来。田んぼに葉を張りつけて生育する様子から別名は田平子。仲間のヤブタビラコは、ひょろひょろと伸びた茎が斜上したり倒れたりして、より小さな花をつけます。

ヤブタビラコ
花径8mmほどで小さいが、舌状花の数は18〜20枚と多い

花は舌状花が6〜10枚あり、花径1.2〜1.5cm。日かあたると開き、夕方や曇りの日は閉じる

オニタビラコ

鬼田平子

花期	5〜10月
花色	黄色
生育地	人里：道ばた、畑、庭、空き地、土手
分布	全国
分類	キク科 オニタビラコ属 1〜越年草
高さ	20〜100cm

▼頭花は花径7〜8mmと小さいが、多数ついて次々と開き、暖地では秋まで花をつける

全体に軟毛が多い。羽状に深く裂けたロゼット状の根生葉の中から茎を何本も立ち上げます。茎は軟らかで折れやすく、茎や葉を傷つけると白い汁が出ます。タンポポをごく小さくしたような花が茎の先にかたまってつきます。名の鬼は大型の意味。タビラコより大きく、毛が多いことが名の由来ですが、タビラコの仲間ではありません。

◀葉は根生し茎の上部につく葉は少ない

ハルジオン

春紫苑

花 期	4～6月
花 色	白色
生育地	人里：道ばた、空き地、野原、河川敷
分 布	全国（帰化植物）
分 類	キク科 ムカシヨモギ属 多年草
高 さ	30～60cm

北アメリカ原産の帰化植物で、観賞植物として輸入したものが野に逃げ出し、戦後各地に広がりました。つぼみの頃は花序ごとおじぎをするように垂れますが、開くと上向きになります。葉が茎を抱くようにつき、茎を切ると中が中空です。白く詰まっているヒメジョオン（➡P97）と区別できます。名は春に咲くシオンという意味です。

▲地下茎が這って群生する

▲花色が濃いタイプもある。頭花は花径2～2.5cmで、糸状の舌状花が多数ある

茎の中が
詰まっておらず
空っぽの状態

中空

▲長楕円形の根生葉は花時にも残っている

▲茎は長い軟毛があり軟らかで中空。茎葉の基部が耳形で茎を抱いている。茎の中が詰まっておらず空っぽの状態。よく似たヒメジョオンは、茎の中が詰まっている

18

ツタバウンラン

蔦葉海蘭

花期	5〜11月
花色	淡紫色
生育地	人里：石垣の隙間、道ばた
分布	北海道、本州（帰化植物）
別名	シンバラリア
分類	オオバコ科 ツタバウンラン属 多年草
高さ	地面を這う

地中海沿岸〜西アジア原産の帰化植物で、園芸植物として大正の初めに渡来しました。細い茎が地を這い、地面に接する節から根を出して広がります。長い柄の先に浅く5〜9裂した手のひら状の葉をつけ、葉腋から長い花柄を出して1cmに満たない小さな唇形花をつけます。花は淡青色の地に暗紫色のすじが入り、中心が黄色です。

花径は8mmほど。青桃色や白花の園芸品種もあり、春から霜の降りる頃まで、途切れずに咲き続ける

マツバウンラン

松葉海蘭

花期	4〜6月
花色	青紫色
生育地	人里：荒地、草原、川原、道ばた、芝生
分布	本州、四国、九州（帰化植物）
分類	オオバコ科 マツバウンラン属 1〜越年草
高さ	20〜60cm

▼横向きについて萼片の間から尾状の距を突き出す

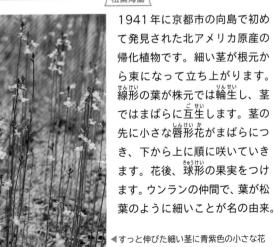

1941年に京都市の向島で初めて発見された北アメリカ原産の帰化植物です。細い茎が根元から束になって立ち上がります。線形の葉が株元では輪生し、茎ではまばらに互生します。茎の先に小さな唇形花がまばらにつき、下から上に順に咲いていきます。花後、球形の果実をつけます。ウンランの仲間で、葉が松葉のように細いことが名の由来。

◀すっと伸びた細い茎に青紫色の小さな花が穂のようにつき、群生すると美しい

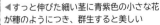

オオイヌノフグリ

—｜ 大犬の陰嚢 ｜—

陽だまりの中で青い花を開くなじみのある植物ですが、ヨーロッパなどの原産で明治時代に渡来した帰化植物です。全体にまばらに毛が生えています。茎は横に寝ることが多く、先端部のみが起き上がり、葉腋(ようえき)に青紫色の花を1つ開きます。花柄(かへい)が長いので花はすべて葉の上で咲きます。在来種のイヌノフグリはピンク色の小さな花を開きます。

花 期	2～6月
花 色	青紫色
生育地	人里 道ばた、空き地、畑
分 布	全国（帰化植物）
分 類	オオバコ科 クワガタソウ属 越年草
高 さ	地面を這う

道ばたや畑地に群生し、陽だまりの中で一面に花を開く

花冠は4裂し直径1cmほどで青い地に濃色の線がある。朝開いて夕方までには散る

イヌノフグリ

花径3～4mmで淡紅色に紅紫色のすじがあり、日が射さないと開かない

タチイヌノフグリ

立ち犬の陰嚢

花期	4〜6月
花色	青色
生育地	人里 道ばた、空き地、畑、草地
分布	全国（帰化植物）
分類	オオバコ科 クワガタソウ属 越年草
高さ	10〜25cm

ヨーロッパ、アジア、アフリカ原産で、オオイヌノフグリと同じ頃に渡来した帰化植物。茎は根元で分枝して立ち上がります。花は葉の間で咲き、花柄がないためあまり目立ちません。フラサバソウは、全体に毛が多く、光沢のある葉がツタの葉に似ています。フランスの植物学者フランシェとサバチェ両氏を記念して名づけられました。

▲花は葉に埋もれるようにつく

フラサバソウ

ヨーロッパ原産。花は淡青紫色で、萼の縁や葉の縁に毛が多い

オオイヌノフグリより
花色は濃いが、花径は
3〜4mmと小さい

ホトケノザ

仏の座

直立した茎の上部に、扇状円形の柄のない2枚の葉が対生し、葉腋に茎をくるりと囲んで唇形花が咲きます。名は、向かい合った葉を仏像をすえる台座に見立てたもの。また、葉が2〜3段、段状につくのが特徴で、三階草の別名もあります。なお、春の七草のホトケノザはキク科のコオニタビラコ（➡P17）のことで、本種とは別のものです。

花期	3〜6月
花色	紫紅色
生育地	人里：畑、休耕田、道ばた、空き地
分布	本州〜沖縄
別名	サンガイグサ
分類	シソ科 オドリコソウ属 越年草
高さ	10〜30cm

▲日当たりのよい場所を好み、畑などでピンクのじゅうたんを敷き詰めたように群生する

▲花は筒部の長い唇形花で、長さは2cmほど。上部の葉腋にリング状に直立して咲く

▲四角い茎は赤みを帯びることが多く、基部で分枝して広がっている

ヒメオドリコソウ

姫踊り子草

花期	3〜5月
花色	紫紅色
生育地	人里：荒地、空き地、道ばた、庭、休耕田
分布	ほぼ全国〔帰化植物〕
分類	シソ科 オドリコソウ属 越年草
高さ	10〜25cm

茎の先の葉の付け根に花が輪状につきます。葉はちりめん状のしわが目立ち、上につく葉が赤紫色を帯びて汚れているように見えるのが特徴です。林下や草地に成育する在来種のオドリコソウに似た小さな花形と、愛らしい草姿が名の由来。オドリコソウの名は、花の姿を笠をかぶって踊る踊り子に見立てたものです。

▲上部の葉のわきに長さ1cmほどの唇形花をつける

▲茎が下部でよく分枝して広がり、日当たりのよい休耕田や荒地などに群落が見られる

▲秋に芽生えた卵円形の葉は柄があり、上面は脈がくぼんで縮れているように見える

オドリコソウ

花は長さ2.5〜3cm。花の付け根にわずかな蜜があり、花を摘んで吸って遊んだことからスイバナやスイスイグサと呼ぶ

カキドオシ
垣通し

春に茎が伸び出すと葉腋に唇形花をつけます。長い柄のある腎円形の葉は縁に浅いギザギザがあり、対生します。葉をもむと特有の香りがあり、花期に根際から刈り取り、乾燥させて野草茶にするほか、若い葉を和えものなどにして食べます。生育旺盛で、つるが垣根を通り抜けて向こうまで伸びていくというのが名の由来です。

花 期	4～5月
花 色	紫紅色
生育地	人里 草地、道ばた、藪、庭先
分 布	北海道～九州
分 類	シソ科 カキドオシ属 多年草
高 さ	5～20cm

花は長さ1.5～2.5cm。下唇が上唇より大きく、下唇に濃紫色の斑点があり葉腋に1～3輪咲く

▲花の咲き始めは茎が立ち上がる

▲茎は花後に倒れて地表を這う

キランソウ

―――― 金瘡小草 ――――

花期	3～5月
花色	濃紫色
生育地	人里：草地、道ばた、土手
分布	本州～九州
別名	ジゴクノカマノフタ
分類	シソ科 キランソウ属 多年草
高さ	地面を這う

全体に縮れた毛があり、茎は地面を這って四方に広がります。根際から出る葉はロゼット状に広がり、茎につく葉は対生します。葉腋に濃紫色の唇形の花を数個開きます。名の由来に、紫の古語である「き」と藍色の藍が重なったという説があり、春の彼岸頃に咲き、地面に蓋をするように張りつく様子から「地獄の釜の蓋」ともいいます。

▲茎は立ち上がらず、ランナーのように地表を這って四方に広がる

▼根生葉はロゼット状で、光沢のある濃緑色だが、紫色を帯びることも多い

唇形花は長さ1㎝ほどで、上唇は小さいが、下唇は大きく3裂し中央片が大きい

キュウリグサ
胡瓜草

全体に短い毛があり、茎はよく分枝して小さな花を咲かせます。茎の先につく花序の先が内側にまかれていますが、下から順に花が咲くにつれて真っ直ぐに伸びます。別名はタビラコですが、春の七草のタビラコはキク科の植物です。よく似た別属のハナイバナは、茎の上部の葉腋に花がつくので、渦巻き状にはなりません。

花期	3～5月
花色	淡青色
生育地	人里 畑、道ばた、庭
分布	全国
別名	タビラコ
分類	ムラサキ科 キュウリグサ属 越年草
高さ	10～30cm

ワスレナグサに似た小さな花は花径2mmほど

ハナイバナ

花序の先端が渦巻き状にならない。花ののどもとのふくらみは白色。葉と葉の間に花をつけるので葉内花という

▲葉や茎をもむとキュウリのような匂いがするのが名の由来。根生葉は長い柄がある

◀花の先が5裂して開き、のどもとに黄色のふくらみがある

トウダイグサ 毒草

―― 燈台草 ――

<table>
<tr><td>花 期</td><td>4～6月</td></tr>
<tr><td>花 色</td><td>黄緑色</td></tr>
<tr><td>生育地</td><td>人里：道ばた、畑、草地、土手、石垣</td></tr>
<tr><td>分 布</td><td>本州～沖縄</td></tr>
<tr><td>別 名</td><td>スズフリバナ</td></tr>
<tr><td>分 類</td><td>トウダイグサ科 トウダイグサ属 越年草</td></tr>
<tr><td>高 さ</td><td>20～30cm</td></tr>
</table>

茎を切ると白い乳液が出て、触れるとかぶれる有毒植物です。円柱状の茎は根元で分かれて直立し、へら状の葉が互生します。茎の先端に大きめの葉が5枚輪生し、そこから普通5本の枝を放射状に出して、小さな杯状の花をつけます。草の姿が、昔、明かりをともすために油を入れた皿を置く灯火の台に似ているので、この名があります。

総苞葉 杯状の花序

杯状の花序は数個ずつ3枚の苞葉に包まれている

雌しべ 葉

▲茎の上部に輪生する葉腋から小枝を出し、広がって花をつける

茎は群がって立ち上がり、人里近くの日当たりのよい場所でふつうに見られる

レンゲソウ

蓮華草、紫雲英

中国原産。古くから緑肥として水田に栽培されてきたものが、田の周辺などに野生化しています。根元で多数分枝した細い茎に羽状複葉の葉が互生し、葉の付け根から伸ばした長い柄の先に蝶形花を開きます。花後につく豆果は先がとがった嘴状で上を向き、黒く熟します。花を輪状に咲かせるさまをハスの花に見立てたのが名の由来です。

花期	4～6月
花色	紫紅色
生育地	人里 水田、川辺
分布	全国（帰化植物）
別名	ゲンゲ、レンゲ
分類	マメ科 ゲンゲ属 越年草
高さ	10～25cm

▲真上から見た花。花は7～10個の蝶形花が放射状に集まったもの

▲豆果はやや直立し、先が嘴状になる。緑色から熟すと黒くなる

▲先が少しへこんだ倒卵形～楕円形の小葉が9～10枚つく

▲一面に赤紫のじゅうたんを敷いたようなレンゲ畑は春の風物詩。最近はレンゲ畑も復活しつつある

カラスノエンドウ

烏野豌豆

花期	3〜6月
花色	紅紫色
生育地	人里：道ばた、土手、空き地、草原、畑
分布	全国
別名	ヤハズエンドウ
分類	マメ科 ソラマメ属 越年草
高さ	つる性

▲花は葉腋に1〜3個つく

▶長い豆果は毛がなく、若いうちは炒めたりして食べられる。草笛をつくって遊べる

四角柱状の茎はよく枝分かれして長さが150cmにもなります。葉は羽状複葉で、先端は巻きひげになってからみつきます。葉腋に蝶形花を開き、花後、サヤエンドウを小形にしたような実をつけます。実が黒く熟し、スズメノエンドウより大形であることが名の由来。別名は小葉の先がくぼんで矢筈形をしていることからつきました。

スズメノエンドウ

雀野豌豆

花期	4〜6月
花色	白紫色
生育地	人里：道ばた、野原、荒地、草地、土手
分布	本州〜沖縄
分類	マメ科 ソラマメ属 越年草
高さ	つる性

カスマグサ

淡青紫色の蝶形花をつける。実は平たく滑らか

カラスノエンドウより長い花柄に3〜7個の花をつける。果実の莢は毛があり、ふつう2個の種子が入っている

四角ばった細い茎が根元から分枝し、小葉が6〜7対ついた羽状複葉の葉腋から伸びた長い花柄に小さな蝶形花をつけます。カラスノエンドウに似てより小形なので、スズメノエンドウといいます。よく似たカスマグサは、カラスノエンドウとスズメノエンドウの自然交雑種で、カラスとスズメの間の草という意味で、カス間草といいます。

セイヨウミヤコグサ

――― 西洋都草 ―――

ヨーロッパ原産の帰化植物です。茎はやや寝るかまたは斜めに立ち上がり、葉腋から長い花柄を出し3〜7個の蝶形花が集まってつきます。葉は有毛で、小葉が3枚つく複葉ですが、葉柄の基部に小葉と同じ大きさの托葉が一対あるので5枚あるように見えます。ミヤコグサは在来種で、昔、都（京都）に多くあったことが名の由来です。

花 期	4〜7月
花 色	黄色
生育地	人里：道ばた、草地、空き地、土手、河原
分 布	全国（帰化植物）
分 類	マメ科 ミヤコグサ属 多年草
高 さ	15〜35㎝

▲地面を這うように広がった茎が斜上して鮮黄色の蝶形花を開く。花の長さは1〜1.6㎝

▲葉は3出複葉だが、2枚の托葉があるので小葉が5枚のように見える

ミヤコグサ

茎が地面を這って広がる。4〜10月と花期が長い

ニシキミヤコグサ

花の色が黄から赤に変わるものがニシキミヤコグサ

ヘビイチゴ

〔 蛇苺 〕

花期	4～6月
花色	黄色
生育地	人里：道ばた、田の畦、河川敷、空き地、草地
分布	全国
分類	バラ科 キジムシロ属 多年草
高さ	地を這う

茎が地上を這い、節から根を出して新しい株をつくります。葉は3枚の小葉だけで、葉腋から出た長い柄の先に黄色の花を1つ開きます。初夏に丸い実が赤く熟します。実が食用にならずにヘビが食べると考えられたのが名の由来ですが、食べてもおいしいものではありません。仲間のヤブヘビイチゴは大形で葉は濃緑色です。

▲ランナーが地上を這い、湿り気のあるところに群生する

▲花径1.2～1.5cmの5弁花。萼片より副萼片のほうが大きいが、開花時は見えない（左）
果実（花托）は球形で直径1.2～1.5cm。表面のつぶつぶの種子にしわがある（中央）
葉は黄緑色の3小葉。小葉の長さ2～3.5cmで、外側の小葉が深く切れ込むものがある（右）

ヤブヘビイチゴ

花径2cm。副萼片は発達して萼片より大きく、花の周りをとり巻く（左）
果実（花托）は直径2cm。光沢があり、表面のつぶつぶの種子はしわがなく滑らか（中央）
葉は小葉の先端がややとがり長さ3～7cm（右）

ナズナ

薺

花期	3～6月
花色	白色
生育地	人里：田畑、道ばた
分布	全国
別名	ペンペングサ
分類	アブラナ科 ナズナ属 越年草
高さ	10～40cm

春の七草のひとつで、古くから食用にされてきました。羽状に深く裂けた葉を地面に張り付けてロゼット状で越冬します。葉の間から花茎を立ち上げ、先に白い小さな4弁の花を多数開き、花後に平たい三角形の果実を結びます。庭や畑の隅などでふつうに見られ、霜が降りないところでは12～2月の厳寒期でも花を咲かせています。

▲ロゼット状の根生葉が愛らしいので、撫菜がなまってナズナになったという説もある

▼長い柄をもつ三角形の果実が三味線のバチに似ているので、ペンペングサや三味線草の愛称がある

▲花径3mm。アブラナ科特有の十字形で、雄しべ6個、雌しべ1個

▲畑や空き地に群生する。茎につく葉は羽状に裂けず小形で柄がなく、茎を抱く

イヌナズナ

〔犬薺〕

花期	3～6月
花色	黄色
生育地	人里：畑、草地、土手
分布	北海道～九州
分類	アブラナ科 イヌナズナ属 越年草
高さ	10～20㎝

全体に毛が多い小さな草です。白緑色のへら形の葉が放射状に広がり、その中から茎を立ち上げ小さな4弁花をつけます。グンバイナズナは先端が深くくぼんだ大きな軍配形の果実をつけます。マメグンバイナズナは、先が少しへこんだ平たい円形の軍配形の果実をつけます。いずれもナズナの名がありますが、ナズナの仲間ではありません。

▲根生葉はナズナのように深く切れ込まず、毛が密生して触るとふかふかした感じ

▲花は黄色で花径4㎜、果実は平たい長楕円形。一般に全面に毛がある

▲茎葉は小形で茎を抱くようにつく。ナズナに似るが、食用にならないことが名の由来

マメグンバイナズナ

北アメリカ原産の帰化植物。やや緑色を帯びた白い花が咲き、丸い小さな軍配形の果実をつける

グンバイナズナ

ヨーロッパ原産の帰化植物。白い十字の花をつけ、相撲の行司が持つ軍配形の果実をつける

イヌガラシ

〜 犬芥子 〜

花期	4〜9月
花色	黄色
生育地	人里：道ばた、野原、田の畦や畑のまわり、庭先
分布	全国
別名	ノガラシ、アゼガラシ
分類	アブラナ科 イヌガラシ属 多年草
高さ	10〜50㎝

根生葉をロゼット状に広げて越冬します。全体に無毛で、葉の中から茎を伸ばし、枝先に黄色の十字花を多数つけ、次々と咲いていきます。花後にできる果実は細い円柱形で、やや曲がって立ち上がります。名は、葉に淡い辛味があって、カラシナに似ているがあまり役に立たないという意味。ノガラシやアゼガラシなどの別名があります。

▲直立した茎はよく分枝し、茎につく葉は柄がない

▲果実は長さ2㎝ほど。斜状してつき、弓形に曲がる

▼花が咲く前は茎も葉も軟らかい

▼4弁花は花径4〜5㎜。茎が伸びて下から次々と咲く

スカシタゴボウ

───── 透し田牛蒡 ─────

花期	4～10月
花色	黄色
生育地	人里：水田、湿地、道ばた、荒地
分布	全国
分類	アブラナ科 イヌガラシ属 越年草
高さ	30～50cm

茎は直立し、よく分枝します。根際から出る根生葉と茎についた下部の葉は羽状に深く裂けますが、上部の葉は切れ込みが少なくなります。花は黄色の小さな4弁花。果実はずんぐりとした短い円筒状で、ほぼ同じ長さの柄があります。名の「透し」の意味は不明ですが、「田牛蒡」は田に生えるゴボウの意で、根をゴボウに例えたものです。

▲根生葉は羽状に深く切れ込む

▼花径2.5～3mm。総状につくが、小さいので重なってついているように見える

▲果実は長さ5～7mmの円筒状。ずんぐりして細い円柱形のイヌガラシとはだいぶ違う

水田や田の畦でよく見るが、道ばたや畑、荒地の湿ったところにも生える

ムラサキハナナ

紫花菜

中国原産の帰化植物。栽培されていたものが野生化し、春を告げる花として親しまれています。花は紫色の十字花。根生葉と茎につく下部の葉は羽状に裂け、上部の葉は茎を抱きます。名は紫色の花を咲かせるナノハナの意。別名のショカツサイは「三国志」の英雄諸葛孔明にちなむ名で、戦時に軍陣で栽培し食料にしたからといわれています。

花期	3〜5月
花色	紅紫色／淡紫色
生育地	人里：土手、空き地、草原、道ばた、庭
分布	全国（帰化植物）
別名	オオアラセイトウ、ショカツサイ、ハナダイコン
分類	アブラナ科 オオアラセイトウ属 越年草
高さ	60〜80cm

▲根生葉は長い柄をもち、根際から出て春を待つ

▲花径3cm。ナノハナより大きな4弁花で平らに開く

◀全体にほとんど無毛。観賞用に栽培もされるが、野生化もして群生する

セイヨウアブラナ

―― 西洋油菜 ――

花期	3〜4月
花色	黄色
生育地	人里 土手、河川敷、空き地
分布	全国〈帰化植物〉
分類	アブラナ科 アブラナ属 1〜越年草
高さ	60〜100㎝

ヨーロッパ原産で土手などに群生します。霜が降りない場所では晩秋から芽生え、ロゼット状に葉を広げて春を待ちます。葉や茎は灰白色を帯び、鮮黄色の十字花を開きます。根生葉や下の葉は柄をもち大形で、上部につく葉は柄がなく茎を抱き、同じようなところに生えるセイヨウカラシナは、茎の上につく葉の基部が茎を抱きません。

▲根生葉は大形で柄をもつ。若苗、若い茎、つぼみは食べられる

▲セイヨウアブラナもセイヨウカラシナも土手や河川敷などに群生し、ナノハナと呼ばれている

上部の葉は柄をもたずに茎を抱く

茎を抱く

▲茎や葉は少し粉っぽい感じの白緑色

セイヨウカラシナ

上部の葉は、セイヨウアブラナより細く、茎を抱かない。葉をかむと辛味がある

ハコベ

繁縷

春の七草のひとつで、昔から食用にされてきました。全体に緑色で軟らかく、茎は下から枝を分けて四方に広がり、卵形の葉が対生して茎の上部に5弁の小さな白い花を多数つけます。果実は卵形で、熟すと裂けて種子を飛ばします。葉が小さく、茎の赤みが強いものをコハコベといいますが、これも合わせてハコベと呼ぶこともあります。

花 期	3〜9月
花 色	白色
生育地	人里 田畑、道ばた、草地、庭
分 布	北海道〜九州
別 名	ミドリハコベ
分 類	ナデシコ科 ハコベ属 越年草
高 さ	10〜30cm

▲ほぼ1年中花や実をつける

コハコベ

茎が灰紫色または黒紫色を帯び小型。花径4mmと花も小さい

▲5弁花は花径6〜7mm。雄しべは4〜10個で、雌しべの白い花柱は3本

▲茎は赤みを帯びず、よく分枝して群がり、下部は伏して地面に広がる

ウシハコベ

牛繁縷

花期	4～10月
花色	白色
生育地	人里 田畑、道ばた、草地
分布	北海道～九州
分類	ナデシコ科 ハコベ属 越～多年草
高さ	20～50cm

茎の下部は這い、上部は斜めに立ち上がり、卵形の葉が対生します。葉は大形で、下部では長い柄をもち、上部は柄がなく茎を抱きます。葉腋に白い5弁の花を開きます。名は、ハコベに似て、それより大形なので牛がつきました。ハコベ同様、花をつける前の軟らかい茎先は食用に利用できます。

▲5弁花は径7～10mm。雄しべは10個。雌しべの花柱が5本あるので、3本のハコベと区別できる

▲先がとがった卵形の葉はふちが少し波打ち、長さ2～8cm。茎はやや紫色を帯びる

豆知識

ハコベの仲間は5弁花が2つに裂けて10弁花に見える

ハコベの名は古名のハコベラの略称です。ほかにも朝日を受けて花が開くので朝開けから転化したアサシラゲ、花の形からコンペイトグサ、小鳥の餌にするのでヒヨコグサなどとも呼ばれています。ハコベの仲間はいずれも小さな白い5弁花を平らに開きますが、花弁が深く2つに裂けるので、10枚あるように見えます。花をつける前の軟らかい茎先は食用になります。

▲完全に開いた状態の花

◀花は5弁花だが、全開したときは10弁花のように見える

ノミノフスマ

―〈 蚤の衾 〉―

全体に毛がなく地面を這うように広がります。花は5弁ですがハコベ同様、V字型に裂けるため、全開すると10弁花のように見えます。秋のころまで次々と咲きますが、遅く咲いた花は花弁の発達が悪く、花弁が短かったり、花弁がないこともあります。名の衾は夜具の一種で、小さな葉をノミの布団にたとえたのが名の由来です。

花 期	4～10月
花 色	白色
生育地	人里：田畑の畦、道ばた、草地、荒地
分 布	北海道～九州
分 類	ナデシコ科 ハコベ属 越年草
高 さ	10～30cm

▲ハコベの仲間。花径5～7mm

▲葉は長楕円形で長さ1～2cm。淡緑色で質は軟らかく柄がなく対生する

▼田畑の畦などの少し湿っているようなところで群落をつくる

ノミノツヅリ

——— 蚤の綴り ———

全体に白く短い毛があります。細い茎が株もとからよく分枝し、小さな葉が向かい合ってつきます。葉腋から花柄を出し、その先に白い5弁花を1つずつ開きますが、ハコベの仲間のように花弁の先が2つに裂けることはありません。名は、小さな丸い葉が集まってつく様子をノミの粗末な着物（綴り）にたとえたものです。

> ！
> 萼片が弁より長いのでよく目立つ

花期	3～6月
花色	白色
生育地	人里：田畑、道ばた、草原、荒地、空き地
分布	全国
分類	ナデシコ科 ノミノツヅリ属 1～越年草
高さ	10～25cm

▶花径は5mmほど。花弁は5枚。萼片が花弁より突き出てよく目立つ

▲多くの枝を出し、小さな白い5弁花が葉腋に1つずつ開く

ツメクサ

——— 爪草 ———

庭の片隅でもよく見られる小さな草です。細い茎が根元から分枝して株状になり、やや肉質で先がとがった光沢のある深緑色の細い葉が対生します。上部の葉腋に白い小さな5弁花を1つずつ咲かせます。花柄や萼片の外側に腺毛があるので、触れるとやや粘ります。細い葉を鳥の爪に見立てたのが名の由来で、タカノツメともいいます。

花期	3～7月
花色	白色
生育地	人里：道ばた、野原、庭先、畑、空き地、芝生
分布	全国
別名	タカノツメ、コゾウナカセ
分類	ナデシコ科 ツメクサ属 1～越年草
高さ	5～20cm

▲果実は先端が5裂して開き、小さな種子をこぼす

▼花径4mmほどの5弁花で、花弁の先は分裂しない

春 人里

オランダミミナグサ

和蘭耳菜草

ヨーロッパ原産で、明治の末頃に渡来した帰化植物。全体に毛が多く、茎は多くの枝に分かれて低く群がり、斜上します。卵形の葉は対生し、茎の上部に小さな白い花がややかたまって咲きます。在来種のミミナグサは紫色を帯びた茎の上部に花をまばらに開きます。ミミナグサは葉の形がネズミの耳に似ていることからついた名前です。

花 期	4～5月
花 色	白色
生育地	人里：畑、道ばた、空き地、庭先、芝生
分 布	ほぼ全国（帰化植物）
分 類	ナデシコ科 ミミナグサ属 越年草
高 さ	10～50cm

▲在来種のミミナグサより多く見られる。全体に腺毛が多く、茎はふつう紫色を帯びない

ミミナグサ

花径5mmの5弁花。花柄は萼片よりも長くて、花弁の先が2つに浅く裂ける。萼片も暗紫色を帯びる

▲花径6～7mmの5弁花。花柄は萼片とほぼ同じ長さで、花弁の先が2つに浅く裂ける

▲葉は淡緑色で毛が多い。根生葉は基部が狭いへら形

ナガミヒナゲシ

長実雛罌粟

花期	3〜6月
花色	オレンジ色
生育地	人里 道ばた、荒地、野原、庭
分布	東北地方以南 (帰化植物)
分類	ケシ科 ケシ属 1〜越年草
高さ	20〜60㎝

地中海沿岸地方原産の帰化植物で、1961年に東京都世田谷区で最初に見つかり、街路樹の下の植え込みでも見られるほどふえています。全体に白い毛が多く、羽状に深く裂けた葉をつけ、オレンジ色の花を開きます。つぼみは毛が密生した萼に包まれて下を向き、開花と同時に萼が落ちて上を向いて咲きます。果実が細長いのが名の由来。

▲花は4弁花で、花径3〜6㎝

▲早春にロゼット状に葉を広げた株があちこちで見られる。大きな株だと根生葉は長さ20㎝にもなる

▲繁殖力が旺盛で、道ばたなどでも見られる

春 人里

スイバ
酸葉

葉は長楕円形で、根際から出る葉は長い柄があり、茎につく葉は柄がなくて茎を抱きます。根元から赤みを帯びた茎を立ち上げ、茎の先に円錐状に小さな花を多数つけ、赤みのある緑色の萼片6枚が花弁のように見えます。よく似たヒメスイバは全体に小型で、高さ20〜50cm。根茎が横に這い、細い花穂に緑紫色の小さな花をつけます。

花期	4〜8月
花色	淡緑〜緑紫色
生育地	人里：土手、田の畔、野原、道ばた、河川敷
分布	北海道〜九州
別名	スカンポ
分類	タデ科 ギシギシ属 多年草
高さ	30〜100cm

▲葉に酸味があるのでスイバの名に。若い茎や若葉は食べられる。すっぱいのはシュウ酸によるもの

▲冬から早春はロゼット状で過ごす。葉は赤みを帯びるものが多い

ヒメスイバ

ヨーロッパ原産で、明治初期に渡来した帰化植物。スイバより小形

◀雌雄異株。雌花の柱頭は赤い房状になって花粉を受ける

44

ノビル

野蒜

全体にネギ特有の臭いがします。地下にある球形の鱗茎から線形の葉を出します。長く伸びた花茎の先につく蕾は、膜質の総苞に包まれて先端が長い嘴状になります。ふつう花の大部分がムカゴになり、花を見ないことが多いです。名は、野に生える蒜の意味。蒜はネギやニンニクなどの総称で、食べるとひりひりと口を刺激することが語源。

花期	4〜6月
花色	淡紅紫色
生育地	人里：田畑の畦、道ばた、土手、空き地
分布	全国
分類	ヒガンバナ科 ネギ属 多年草
高さ	40〜60cm

▲全草食用になる。晩秋から細い葉を出して越冬し、花をつけたあと夏は地上部が枯れる

ムカゴ

▲花は淡紅紫色で、花柄は長さ1.5cm。花の一部がムカゴになり、地面に落ちて新たな個体になる

◀地下の鱗茎は生食もできる。掘り取った小さい球根は埋め戻しておく

コバンソウ

―― 小判草 ――

ヨーロッパ原産。明治時代に渡来し、観賞用に栽培された
ものが逃げ出して野生化しています。鮮やかな緑色をした
軟らかな草で、細い茎の先に扁平で厚みのある小穂をぶら
下げます。小判形の小穂が黄褐色に熟すのが名の由来です。
仲間のヒメコバンソウはコバンソウより早く渡来した帰化
植物。細い枝に白緑色の小穂を多数つけます。

花期	5〜7月
花色	緑色
生育地	人里：草地、道ばた、海岸の砂地
分布	北陸〜関東以西（帰化植物）
別名	タワラムギ
分類	イネ科 コバンソウ属 1年草
高さ	30〜40cm

▲小穂は長さ 1.5〜2cm、幅1cmほどあり、糸状の細い柄があって下垂する

ヒメコバンソウ

小穂は三角状卵形で、長さ、幅とも4mmと小さい。糸状の枝に多数垂れ下がる

◀淡緑色から徐々に黄褐色に色づく小穂を俵に見立てて、タワラムギとも呼ばれる

チガヤ

茅萱

花期	4〜6月
花色	白色、葯は赤褐色
生育地	人里：河原、土手、草地、野原、休耕田
分布	全国
別名	ツバナ
分類	イネ科 チガヤ属 多年草
高さ	30〜80㎝

地中を長く這う根茎から茎とともに硬い線形の葉が立ち上がります。花穂は円柱形で白く長い毛が密生し、ふわふわといっせいに風になびく姿はとても美しい。チガヤのチは千で、群がって生えるカヤの意味で名づけられました。若い花穂はツバナといい、噛むと甘みがあり、万葉集にも茅花の名で登場し、当時から食べられていたようです。

▲花期は雄しべの葯にびっしりと覆われ、後に銀色の穂のようになる

▲花の時期は穂が葯に覆われ、灰褐色に見える

▲花が終わると白い絹毛に覆われた穂が風になびく

イヌムギ

犬麦

▲円錐花序は高さ15〜25cm。花序の先がたれ、節から横に開く枝を出し、小穂をつける。名はイヌムギだが、穂はムギに似ていない

南アメリカ原産の帰化植物です。明治初年に牧草として渡来したものが野生化して普通に見られます。秋に芽生え、濃緑色の幅の広い線形の葉を地面に広げて越冬します。円錐花序は先が傾き、まばらに小穂をつけます。小穂は扁平な緑色で、先に直立するごく短いのぎがあります。名の由来は麦に似ているのに役に立たないので「犬」を冠したものです。

花期	4〜6月
花色	緑色
生育地	人里：畑のまわり、道ばた、荒地、土手、草原、空き地
分布	ほぼ全国（帰化植物）
分類	イネ科 スズメノチャヒキ属 多年草
高さ	40〜100cm

▲小穂は長さ2〜3cmの長楕円形。先端ののぎは1mm程度

スズメノテッポウ

雀の鉄砲

茎は中空の円柱形で、白っぽい線形の葉の基部が茎を抱いています。淡緑色の穂をつけ、雄しべの先の葯はオレンジ色で、乾くと茶色になります。名は、細い円柱形の花穂を、スズメが使う鉄砲に見立てたものです。よく似た近縁のセトガヤは高さ25〜60cmと大きく、穂も太くて長く、葯が白色なのでスズメノテッポウと見分けられます。

花期	4〜6月
花色	淡緑色、葯は黄褐色
生育地	人里：水田、川岸、草地、畑
分布	北海道〜九州
別名	スズメノマクラ
分類	イネ科 スズメノテッポウ属 1〜越年草
高さ	20〜40cm

田起こしする前の水田に群生する。子どもたちは穂を抜き取り、筒状の葉鞘で草笛をつくって遊ぶ。花穂は淡緑色で、葯は黄橙色。花茎ははっきりと見える

セトガヤ

セトガヤは関東以西、四国、九州で見られる。穂が太く長く、葯が白色。花茎は葉に包まれ見えない

スズメノカタビラ

〈 雀の帷子 〉

花期	3～11月
花色	淡緑色
生育地	人里：道ばた、田畑、空き地、草地
分布	全国
分類	イネ科 イチゴツナギ属 1～2年草
高さ	10～20cm

世界に広く分布している雑草です。人家の周辺や道ばた、畑などのほか、ひげ根が発達し踏みつけられてもよく耐えるため、グラウンドや公園などにも群生しています。ふつう秋に発芽し、鮮緑色の軟らかい線形の葉を広げ、早春から茎の先に花穂を出します。花穂は横に広がってつき、各枝の先端に卵形の薄緑色の小穂を多数つけます。

▲まれに小穂が淡い紅色を帯びるものもある。早春～晩秋まで花期が長い

◀長い茎の先に穂をつける。名の「カタビラ」は一重の着物のこと。小さな穂をこれに例えたという説もあるが、真偽については不明

スズメノヤリ

〈 雀の槍 〉

花期	4～6月
花色	赤褐色
生育地	人里：野原、草地、芝生、土手、庭
分布	全国
別名	スズメノヒエ
分類	イグサ科 スズメノヤリ属
高さ	30～40cm

線形の葉は硬く先がとがり、縁に白くて長い毛があります。多数の花茎を立ち上げて球形の頭花を1個、まれに2～3個つけます。頭花は小さな花が集まったもので、花時は黄色の葯が目立ち、金茶色に見えます。名はスズメの持つ毛槍の意味。スズメは小さいことのたとえで、球形のかわいらしい頭花を大名行列の毛槍に見立てました。

▲頭花は雌しべが出た後に雄しべが出る。雄しべの先の葯の黄色が目立ち、頭花が金茶色に見える

◀根生葉は線形で縁の白い長い毛がよく目立つ

スギナ・ツクシ

杉菜・土筆

多年生のシダ植物。ツクシとスギナは同じ植物で、ツクシは「花茎と花」に相当し、スギナが「葉」の役割をします。ツクシは繁殖のための胞子を飛ばして枯れ、その後、同じ地下茎から栄養茎のスギナが出ます。葉のように見えるのは枝で、葉は鞘状に退化して節についています。スギナは小さな枝が輪生する姿を杉に見立てた名です。

花期	3〜4月
花色	淡褐色
生育地	人里：草地、土手、荒地、畑
分布	北海道〜九州
分類	トクサ科 トクサ属 多年草
高さ	30〜40cm、ツクシは10〜25cm

スギナ

スギナ

▲栄養茎で「葉」の役割をする。茎は細い針金状で節から葉のような小枝が輪生する

▲細くて長い地下茎が広がって群生する。酸性土の土壌に生育することから、酸性土壌の指標植物と呼ばれている

ツクシ

ツクシ

▲形を筆に見立て、土から生えた筆のようなので土筆と書く。ツクシとスギナは地下茎でつながっている

▲先端の頭部に胞子をもっていて、これが「花」に当たる。葉緑素がないので栄養素はスギナからもらう

フキ・フキノトウ

蕗・蕗の薹

花期	3〜5月
花色	淡黄色
生育地	山地：山野の土手、道ばた、沢沿い
分布	本州〜沖縄
分類	キク科 フキ属 多年草
高さ	20〜50cm

地下茎を伸ばしてふえます。地上には葉と花茎だけを出しますが、葉に先駆けて花茎が伸びて頭花をつけます。これが山菜として親しまれているフキノトウで、淡緑色の苞に包まれています。雌雄異株で、雄花は黄白色、雌花は白い花を咲かせます。花後に出る葉は大きな腎円形で多肉質の長い葉柄があり、食用にされます。

▲野菜としても栽培され、やや円形の葉の幅は15〜30cmと大きい

フキノトウ

◀雌株の頭花は、糸状の白い小花をつけ実を結ぶ
▼雄株の頭花は黄色味を帯び、両性の筒状花をつけるが結実しない

フキノトウ

▲雌株は花後も花茎が伸び、種子は綿毛とともに飛ぶ

アキタブキ

北海道〜東北地方には、葉柄が約2mにもなる大型のアキタブキがある

ノアザミ

野薊

夏から秋に咲くことが多いアザミ類のなかで、春に咲くのは本種だけ。花首の上の総苞に触れると粘るのが特徴です。茎は直立し、鋭いとげをもった葉が互生し、枝先に紅紫色の頭花（とうか）が上向きにつきます。野にあるアザミなので「野アザミ」といい、ハナアザミやドイツアザミの名で知られる切り花は、本種からつくられた園芸品種です。

花 期	5～8月
花 色	紅紫色
生育地	山地：草地、土手、道ばた、田畑の畦
分 布	本州～九州
分 類	キク科 アザミ属 多年草
高 さ	50～100cm

▲頭花は筒状花だけの集まりで、昆虫が花に触れるとその刺激で雄しべの花粉が飛び出す

▼根生葉はロゼット状に広がり、花時にも多くが残る

▲春～初夏にかけて咲くアザミは本種だけ。総苞はやや球形で、総苞片は反り返らず、触るとねばねばする

ニガナ

〔苦菜〕

花 期	5〜7月
花 色	黄色
生育地	山地 草地、道ばた
分 布	全国
分 類	キク科 ニガナ属 多年草
高 さ	20〜50cm

細い茎が直立し、上部で枝分かれして茎や枝の先に数個ずつ頭花をつけます。根際から出る根生葉は長い柄があり、茎葉は柄がなく基部が耳状に茎を抱きます。頭花は舌状花のみで、ふつう5枚つきます。茎や葉に苦味があるのが名の由来で、タンポポなどにくらべても苦味は強いです。変種にハナニガナや、白花種のシロバナニガナがあります。

頭花は花径1.5cmほど。舌状花はふつう5枚で、まれに6〜7枚

シロバナニガナ

ニガナより大きく、白色の舌状花が8枚以上ある

ハナニガナ

ニガナより草丈が高い。黄色の舌状花が8枚以上

▲ちぎると苦い白い汁を出し、枝先に次々と花を開く

ジュウニヒトエ

十二単

本州、四国の特産です。全体に白い縮れた毛に覆われ、花が重なり合って穂状に咲くのが特徴です。株から数本の茎を立ち上げ、倒披針形の葉が2〜4対つきます。花はシソ科特有の唇形花で、茎の先に穂状について下から順に咲きあがります。雅な名前は、重なって咲く花の様子を宮中の女官が着た十二単に見立てたものです。

花期	4〜5月
花色	白〜淡紫色
生育地	山地 野原、丘陵、雑木林
分布	本州、四国
分類	シソ科 キランソウ属 多年草
高さ	10〜25cm

◀花穂の長さ4〜8cm。花冠は長さ1cmほどで、上唇は小さく下唇は深く3裂する

▲唇形花が輪生するように何段にもつくので、花のタワーのように見える

ニシキゴロモ

錦衣

主に日本海側に生えています。広卵形の葉は脈に沿って紫色になり、裏面もふつう紫色を帯びます。四角い茎が数本立ち上がり、2〜4対の葉をつけます。花は上部の葉腋に数個つきます。唇形花で、上の花弁は直立して2つに深く裂け、下の花弁は大きくて3裂します。名は、葉脈に沿ってほんのり紅をさしたような葉の感じからついたもの。

花期	4〜5月
花色	淡紅紫色
生育地	山地 山地、丘陵地の林の中
分布	北海道、本州、九州
別名	キンモンソウ
分類	シソ科 キランソウ属 多年草
高さ	5〜15cm

対生する葉腋に花を数個開く。花は長さ1cmほどの筒部がある唇形花

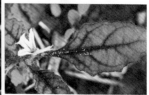

▼葉は長さ2〜6cmで、葉脈が紫色に染まり、名の由来のように美しい

タツナミソウ

立浪草

花期	4〜6月
花色	青紫色
生育地	山地 野原、丘陵
分布	本州〜九州
分類	シソ科 タツナミソウ属 多年草
高さ	20〜40㎝

広卵形の葉が対生した茎の先に唇弁花が2列に並んでつきます。花の上唇はかぶと状にふくらみ、下唇は水平に突き出て3つに裂け、中央に紫色の斑点があります。花がそろって一方向を向いて咲いている様子が打ち寄せる波頭のように見えるのが名の由来。変種の葉が小さなコバノタツナミは、関東地方から沖縄の海岸地に分布します。

▶丘陵の林縁などに生えるほか、庭や鉢などで栽培もされる

コバノタツナミ

コバノタツナミは葉と茎にビロード状の短毛が密生し、ビロードタツナミともいう。淡紫紅色の花の下唇に斑点がない

▼下唇は3つに裂ける

花は基部が急に曲がって直立し、穂状に2列に並んで同じ方向を向いて咲く

無茎種のスミレ

スミレの仲間は、茎を伸ばすか伸ばさないかで無茎種と有茎種に大別されます。
無茎種は、葉が根元から出て茎がないように見えるタイプで、スミレ、ノジスミレ、
コスミレ、ヒメスミレ、アリアケスミレなどがあります。

スミレ

菫

単にスミレといえばこの種を指し、万葉時代から親しまれる日本のスミレの代表格。人里近くの日当たりのよい野原などに生えます。花の後ろに突き出る距が大きく、ふつう濃い紫色の花と細長い葉をつけ、葉柄（ようへい）にひれがあるのが特徴です。

花期	4～5月
花色	濃紅紫色
生育地	山地：道ばた、草地、土手、丘陵地
分布	北海道～九州
分類	スミレ科 スミレ属 多年草
高さ	10～20cm

▼葉は細い長楕円形で、根元から多数立ち上がって直立する

▼葉の付け根から数本の花茎を出し、その先に濃い紫色の花を1つずつ咲かせる。花径1.5～2.5cm

ビオラ・パピリオナケア

丸葉菫

北アメリカ原産。繁殖力が旺盛で、観賞用に栽培されたものが逸脱して道ばたや空き地などで見られます。ワサビ状の太い地下茎が横に這い、紫色の大きな花を咲かせます。腎臓形の葉は表面にやや光沢があり、花が終わると大形になります。

花期	3～5月
花色	青紫色
生育地	山地：空き地、林縁、道ばた、石垣
分布	全国
分類	スミレ科 スミレ属 多年草
高さ	10～20cm

白花や白色に紫のすじが入るものなど、園芸品種もあります。アメリカスミレサイシンとも呼ばれています。

花は、径2.5cmと大きいが、花の柄は5～10cmほどであまり高くならず、地面に近い位置で咲く

マルバスミレ

〔丸葉菫〕

花期	4〜5月
花色	白色
生育地	山地 丘陵地、林下
分布	本州〜九州
分類	スミレ科／スミレ属／多年草
高さ	10〜15cm

全体に毛がなく、白くて大きな花が咲きます。卵円形の葉は根元から束になって出ますが花後に大きく育ち、長さも幅も7cmほどになるものもあります。

花弁は卵形で、唇弁に紫色のすじが入る

ノジスミレ

〔野路菫〕

花期	3〜4月
花色	淡紫色
生育地	山地 道ばた、野原、土手
分布	本州〜九州
分類	スミレ科／スミレ属／多年草
高さ	10〜15cm

全体に白い短毛が密生し、すべての花弁に濃い色の線があります。葉の裏面が紫色を帯び、立ち上がらずに、斜めに寝る点などがスミレと異なります。

葉柄のひれは幅が狭くスミレほど目立たない

アリアケスミレ

〔有明菫〕

花期	4〜5月
花色	白、薄紫、紫
生育地	山地 湿り気のある野原
分布	本州〜九州
分類	スミレ科／スミレ属／多年草
高さ	10〜15cm

葉は長楕円形ですが、花後に出る葉は長三角形になります。花の色が白色から白に近い淡紫色まであるので、有明の空に見立てたことが名の由来です。

唇弁に紫色のすじが入り、距は短い円筒形

ヒメスミレ

〔姫菫〕

花期	4月
花色	濃紫色
生育地	山地 道ばた
分布	本州〜九州
分類	スミレ科／スミレ属／多年草
高さ	10〜15cm

全体に無毛の小型のスミレです。葉は長三角形で長さ2〜4cmですが、花が終わり夏になると8cmほどになります。葉の裏は紫色を帯びています。

葉より高く花茎を伸ばして小さめの花を咲かせる

有茎種のスミレ

このタイプは茎が立つ種類で、地上に細く伸びた茎から花や葉が出ているスミレの仲間です。タチツボスミレ類やニョイスミレ類、黄色の花を咲かせるキスミレ類などがあります。

タチツボスミレ

立坪菫

ふつうに見られるスミレのひとつで有茎種の代表。ハート形の葉は長い柄を持ち互生し、葉柄のもとにある托葉は櫛の歯状に切れ込んでいます。開花時は高さ5〜15㎝でも花後には20〜30㎝に達し、茎が長く伸びるのが特徴です。茎が伸びると葉腋からも花茎を出し、細い距が突き出た淡紫色の花を咲かせます。

花期	3〜5月
花色	淡紫色
生育地	山地：道ばた、草地、林内、庭
分布	全国
分類	スミレ科スミレ属多年草
高さ	20〜30㎝

「山路きて何やらゆかしすみれ草」（松尾芭蕉）のスミレは本種ではないかといわれている。花径は1.5〜2㎝

ツボスミレ

坪菫

やや湿ったところを好み、休耕田に群生することもあります。茎は斜めに立ち上がり、葉腋から長い花柄を伸ばし、その先に小形の花を1つずつ咲かせます。花は白色で、唇弁に紫色の線が目立ちます。名のツボは庭の意味ですが、庭ではほとんど見かけません。別名のニョイは、僧侶が持つ仏具の一種の如意で、葉の形が似ることに由来したものです。

花期	3〜5月
花色	白色、中央に紫色の線
生育地	山地：草地、林内
分布	北海道〜九州
別名	ニョイスミレ
分類	スミレ科／スミレ属／多年草
高さ	5〜20㎝

花は径1㎝ほどで、距は丸く長さ2㎜と短い。葉は心臓形で縁に浅い鋸歯があり互生

豆知識 花の後ろに突き出る距が
スミレの特徴

　スミレの仲間は茎を伸ばす有茎種と茎を伸ばさない無茎種に大別され、いずれも地上部が枯れても地下茎が生きていて越冬する多年草です。花はほぼ左右対称で、5枚の花弁のうち下の1枚（唇弁）は大形で基部に距をつけます。花後に葉が伸びる傾向があります。また、多くの種類は花期が終わった後に、つぼみのままで花を開かず結実する閉鎖花をつくってふえることでも知られています。

▲花を横から見た形が大工道具の墨入れの形に似るから、という名の由来がある

距

▲ほぼ左右対称の花の後ろに突き出ている距があるので、一見してそれとわかる

▲果実が熟すと上向きになり、3つに割れてタネを飛ばす。タネには甘い物質がついていて、これを好むアリに運ばれて分布を広げる

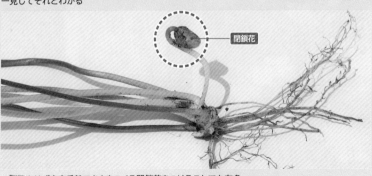

閉鎖花

▲開花をせず自家受粉でタネをつくる閉鎖花をつけることでも有名

ニリンソウ 毒草

二輪草

葉は手のひら状に3裂し、裂片がさらに裂けます。根生葉は柄があり、茎につく葉は柄がなく、3枚の葉が輪生し、その中心から2本前後の花柄を出し、それぞれの柄の先に花を開きます。白い花弁に見えるのは萼片で、ふつう5枚あります。仲間のイチリンソウは花が大きく、茎につく葉に長い柄があり、羽状に細かく切れ込むのが特徴。

花期	5～8月
花色	紅紫色
生育地	山地：草地、土手、道ばた、田畑の畦
分布	本州～九州
分類	キンポウゲ科 イチリンソウ属 多年草
高さ	50～100cm

▲花が2つ寄り添って咲く姿から二輪草というが、1個や3個咲かせるものも。花径は2cmほど

▲花の咲く前の姿は猛毒のトリカブトによく似ているが、葉のところどころに白や薄緑色の斑が入っている

◀根茎が横に這い、湿った林の下などに大きな群落をつくる

イチリンソウ

1茎1花で、花径3～4cmと花が大きい。葉は細かく切れ込み、総苞葉に柄がある

ナツトウダイ _{毒草}

夏燈台

有毒植物で、茎葉を傷つけると有毒の白い乳液が出ます。紫紅色を帯びた無毛の円柱形の茎が直立し、細い長楕円形の葉が互生しますが、茎の先のほうには5枚の葉が輪生します。その輪生葉腋から5本の枝を伸ばして杯状の花序をつけます。花序の縁の腺体は先がとがった紅紫色の三日月型で、花びらのように見えます。

花期	4〜5月
花色	紅紫色 (腺体)
生育地	山地：道ばた、草地、丘陵地、山地
分布	北海道〜九州
分類	トウダイグサ科 トウダイグサ属 多年草
高さ	20〜40cm

▲ナツトウダイというが、春咲きで、トウダイグサの仲間の中では最も早く咲く

▼三角状卵形の2枚の苞葉にはさまれた杯状花序

イカリソウ

錨〔碇〕草

横に短く這う根茎から数本の細い茎を出し、4枚の花弁に距と呼ばれる長い突起がある独特の形の花を下向きに咲かせます。葉は茎の中ほどにつき、3本に分枝し、それぞれの枝に3枚ずつ合計9枚の小葉がつくところから三枝九葉草の名もあります。古くから薬用として用いられ、全草を乾燥させたものは強壮、強精薬とされます。

花期	4〜5月
花色	淡紅紫〜白色
生育地	山地：山地、丘陵地の林
分布	北海道〜本州
分類	メギ科 イカリソウ属 多年草
高さ	20〜40cm

▲花弁のように見えるのは萼片

▼花の形が船の錨に似ているのが名の由来。花径4cm、距の長さは1.5〜2cm

ムラサキケマン 毒草

紫華鬘

アルカロイドを含む有毒植物で、傷をつけると少し悪臭があります。全体が軟らかで、やや角張った茎に長い柄のある複雑に分かれた葉が互生します。茎の上部に筒状唇形花を横向きに多数咲かせます。花後結実してタネを散らすと、夏に枯れて姿を消します。名は、紫色のケマンソウという意味。華鬘は仏堂の欄間の飾りのことです。

花期	4〜6月
花色	紅紫色
生育地	山地：やや湿った林縁、藪、道ばた、河川敷
分布	全国
別名	ヤブケマン
分類	ケシ科 キケマン属 越年草
高さ	20〜50cm

▲根元から何本も茎が立ち上がり多数の花が咲くので、日陰でもよく目立つ

▲葉は2〜3回羽状に裂け、卵形の裂片が細かく切れ込み、冬はロゼット状で過ごす

▼果実は狭長楕円形で長さ2cmほど。下に傾いてつく

シロヤブケマン

白花で、先端部だけが紅紫色に染まるものをシロヤブケマンと呼ぶ

ジロボウエンゴサク 毒草

〈次郎坊延胡索〉

花期	4～5月
花色	紅紫色、青紫色
生育地	山地：野原、林縁、川岸
分布	本州（関東地方以西）～九州
分類	ケシ科 キケマン属 多年草
高さ	10～20cm

地下に丸い小さな塊茎があり、1つの塊茎から数本の茎が束になって出るので全体に細く、繊細な感じの草です。茎の先に筒状で先端が唇状に開く花を総状につけます。名の延胡索はこの仲間の総称です。伊勢地方ではスミレの太郎坊に対して本種を次郎坊と呼び、子どもたちが距を絡ませて引っ張り合って遊んだことが名の由来です。

▲葉は2～3回3出複葉で、柄のある葉がふつう茎に2枚つく。葉の裂片に切れ込みはない

▲花は唇形花冠で長さ12～22mm。花の後ろに距と呼ばれるでっぱりがある

▶1球の塊茎から数本の茎が出るが、花がまばらにつくので全体に華奢な感じがある

▲花の色は紅紫色から青紫色。群生し風になびく姿は美しい

ヒトリシズカ

一人静

▲葉は暗紫色で光沢がある楕円形。2対の葉が十字形に対生するが、基部が接しているので、4枚が輪生状に見える

花 期	4～5月
花 色	白色
生育地	山地：山地の林
分 布	北海道～九州
別 名	ヨシノシズカ
分 類	センリョウ科 チャラン属 多年草
高 さ	10～25cm

短く横に這う根茎から数本の茎が真っ直ぐに立ち上がります。茎の先に紫色を帯びた4枚の葉に抱かれるように花穂がつき、花が開くころに葉も横に開いていきます。花は花弁も萼片もなく、白いブラシのような雄しべが多数つきます。名は、ひっそりと白い花を咲かせる様子を、静御前が一人で舞う姿に見立てたものといわれます。

▲枯れ葉の中からいっせいに芽生え、林の下で白い花を咲かせる。筆のような花の形から眉掃草の名もある

フタリシズカ

二人静

▲卵状楕円形の葉は緑色で光沢がなく、茎の上部に4～6枚つくが、葉と葉の間が離れているので、輪生しているようには見えない

花 期	4～6月
花 色	白色
生育地	山地：山地の林
分 布	北海道～九州
分 類	センリョウ科 チャラン属 多年草
高 さ	30～50cm

茎の先に4枚の葉が対生し、成葉になってから白い花穂をつけます。花は花弁がなく、3本の雄しべが丸まって子房を包み、ヒトリシズカのように糸状にはなりません。花穂がふつう2本出ることから、謡曲「二人静」にある、静御前とその亡霊の舞姿にたとえて名づけられましたが、まれには1本、あるいは3～5本つくこともあります。

▼白い3個の雄しべがまるくなって子房を抱くので、花穂はヒトリシズカのようなブラシ状にならない

マムシグサ 毒草

蝮草

花期	4〜6月
花色	(苞) 緑色〜紫色
生育地	山地：山野の林
分布	本州〜九州
分類	サトイモ科 テンナンショウ属 多年草
高さ	30〜120㎝

▼雌雄異株で、雌株は緑色
から赤く熟す鹿の子菓子の
ような実をつける

▲茎のように見える偽茎と呼ばれる部
分が、マムシの模様に似ていることが
名の由来。全草にサポニンを含む毒草

地下の球茎から斑模様があ
る円錐状の芽を出します。
葉は2枚で、基部が合わさ
って鞘状になり、先端が鳥
足状に開く複葉です。葉が
出てから仏炎苞に包まれた
独特の花をつけますが、ふ
つう仏炎苞は葉より高い位
置につきます。この仲間は
雌雄異株ですが、若いとき
は雄株、個体が成熟すると
雌株になり、性転換するこ
とで知られています。

ウラシマソウ 毒草

浦島草

花期	4〜5月
花色	(苞) 暗紫褐色に白いすじ
生育地	山地：林内、林縁、 平地や低山の草地、竹林
分布	北海道〜九州
分類	サトイモ科 テンナンショウ属 多年草
高さ	30〜50㎝

▼円錐状の芽は中
から釣り糸の付
属体がのぞく

付属体

▲偽茎が5〜15㎝と短いので、仏炎
苞は広がった葉の下で開く

ミミガタテンナンショウ

ミミガタテン
ナンショウは、
仏炎苞の口辺
部が横に張り
出して耳たぶ
のようになる

一見すると茎のように見え
る偽茎が立ち上がります。
葉は1枚で、上部が鳥足状
に開く複葉です。仏炎苞に
包まれた肉穂花序の上部が
糸状に伸びる奇妙な形の花
ですが、名は、花の中から
出る長い糸状に伸びた付属
体を、浦島太郎が持つ釣り
竿の糸に見立てたものです。
仏炎苞の筒の口辺が張り出
して目立つミミガタテンナ
ンショウも仲間です。

キジムシロ

雉蓆

全体に長い毛があり、座布団をしいたように地面に丸く広がります。葉は5〜7枚の小葉からなる羽状複葉で、上の3枚の小葉が大きく、下の小葉ほど小さくなります。葉の間から四方に花茎を出し、光沢のある黄色い花を開きます。放射状に広げた葉の周りを花が取り巻く姿を、野鳥のキジがすわる円座に見立てたのが名の由来です。

花 期	3〜8月
花 色	黄色
生育地	山地：草地、土手、田畑の畦、雑木林
分 布	全国
分 類	バラ科 キジムシロ属 多年草
高 さ	5〜30cm

▲円座状に広げた葉の周りに光沢のある黄色の5弁花が多数咲く。匍匐茎は出さない

▲根生葉の間から斜めに伸びる花茎を出して花径1.5〜2cmの花を開く

▲葉は羽状複葉で、根生葉はロゼット状になって春を待つ。全体に粗い毛がある

ミツバツチグリ

三葉土栗

山地 春

花期	4〜5月
花色	黄色
生育地	山地：田畑の畦、道ばた、林縁、草原
分布	北海道〜九州
分類	バラ科 キジムシロ属 多年草
高さ	15〜30cm

太くて短い根茎から根生葉、花茎、匍匐茎を出します。長い柄の先についた3枚の小葉は質が薄く葉裏は淡色です。花茎の先に花が十数個まとまって開き、花後、地面を這う短い匍匐茎を出し、その先に小株をつくります。根を食用にするツチグリに似て、小葉が3枚なのでこの名がありますが、本種の根は硬くすじっぽくて食べられません。

▲日当たりのよい山野のほか田畑の畦などに生え、細い匍匐茎を出してふえる

▲キジムシロ（⇒P66）に似るが、本種の葉は3枚の小葉がつく

▲花は淡黄色の5弁花で、花径1〜1.5cm。花茎の先にまとまって多数咲く

キンラン

金蘭

▲雑木林などに生えて、春から初夏の林床を飾る野生ラン

花期	4〜6月
花色	黄色
生育地	山地：山地、丘陵の林
分布	本州〜九州
分類	ラン科 キンラン属 多年草
高さ	30〜60㎝

縦の深いしわが目立つ長楕円形の葉は先が尖り、基部で茎を抱いて2列に互生します。真っ直ぐに伸びた茎の先に、3〜12個の花を穂状につけます。花は晴天の日の日中に開きますが、完全には開かず、お椀のような形に咲き中の赤いすじが見えます。名は鮮やかな黄色い花を金に見立てたものです。現在は数が減って絶滅危惧種になっています。

▲花を上からのぞくと、唇弁に橙色のすじが模様のように数本あるのが見える

ギンラン

銀蘭

キンランより小型。キンランに似て白い花をつけることから、ギンランの名がある。全体に無毛

花期	5〜6月
花色	白色
生育地	山地：山地、丘陵の林
分布	本州〜九州
分類	ラン科／キンラン属 多年草
高さ	10〜30㎝

キンランと同じようなところに、キンランよりやや遅れて白い清楚な花を咲かせます。真っ直ぐに伸びた茎の上部に、楕円形の葉が3〜6枚つき、茎頂に3〜5個の花をつけます。花は半開のまま終わり、平らに開くことはありません。よく似たものに葉が細長く、笹の葉を思わせるササバギンランがあり、こちらはやや大形です。

ササバギンラン

ギンランより大型。下部の苞葉が花序より長く、上に突き出ている

シュンラン

春蘭

花期	3〜4月
花色	淡黄緑色
生育地	山地 山地、丘陵の林
分布	本州〜九州
別名	ホクロ
分類	ラン科 シュンラン属 多年草
高さ	10〜25cm

群がって出る硬い線形の葉は常緑で、冬でも青々としています。地下には太いひげ状の根を持ち、根際から肉質の花茎を伸ばして、先端に淡黄緑色の花を一輪うつむいて開きます。ふつう1茎1花で、まれに黄色や赤褐色の花をつけるもの、葉に斑が入るものなどもあり、栽培もされています。名は春に咲くランの意味です。

くちびる状に見える花弁に斑点がある

▲くちびる状に見える唇弁に赤い斑点模様があり、別名はこの斑点をほくろに見立てたもの

▶3枚に開いているのは萼片で、中央に2枚の側弁と1枚の唇弁がある

◀大株になると何本も花茎が立つ。広線形の葉は長さ20〜50cm

アマナ

〔甘菜〕

花期	3〜5月
花色	白色
生育地	山地：草地、土手、原野
分布	本州（福島県以南）〜九州
分類	ユリ科 アマナ属 多年草
高さ	15〜25cm

地下の鱗茎から2枚の軟らかい葉を伸ばし、葉の間から花茎を1本立てます。花茎の先にふつう1つの花が上を向いて咲きます。花茎には2枚の苞葉がつき、日が当たると花が開き、雨や曇りの日は閉じたままです。鱗茎に甘味があり、食用として利用できるのが名の由来。よく似たヒロハアマナは葉の幅が広く、中央に白い線があります。

▲日当たりのよい草地や土手などに群生することもある

チューリップの仲間で鐘形の花が咲く。外花被片3枚、内花被片3枚で、暗紫色の細い線が入っている

ヒロハアマナ

葉が暗緑色ですじがあり、花茎にふつう3枚の苞葉がつくので、アマナと区別できる

カタクリ

片栗

花期	3〜5月
花色	紫紅色
生育地	山地：丘陵地、山地の林
分布	北海道〜九州
分類	ユリ科 カタクリ属 多年草
高さ	15〜25cm

早春に可憐な花を咲かせ、初夏には葉が枯れて地上部は姿を消します。地下深くに鱗茎をもち、軟らかい大きな葉を1〜2枚出します。葉の上面にはウズラの卵に似た暗紫色の斑点があります。花は、花びらがくるりと反り返ってうつむいて咲き、基部に濃い紫のW字形の紋があります。古名をカタカゴ（堅香子）といい、万葉集に詠まれています。

▲長い花茎の先に花径4〜5cmの花を1つ開く。6枚の花被片が反り返る

▼葉が2枚出るようになるとつぼみをつける株になる

▲落葉樹林下や丘陵地の湿った北斜面などに群生する

春 / 山地

アマドコロ
甘野老

横に這う地下茎の先端から茎が立ち上がります。茎は中ほどから上が角張り、上部が弓状に曲がります。葉腋から出た花柄に筒形の花を1〜2個吊り下げます。花は緑白色で、先のほうが色が濃く、浅く6裂して下を向いて開きます。よく似たナルコユリは円柱形の茎に、1か所から3個以上の花が垂れ下がるので区別できます。

花 期	4〜7月
花 色	白色で先は緑色
生育地	山地：山野の草地、林縁、土手
分 布	北海道〜九州
分 類	キジカクシ科 アマドコロ属 多年草
高 さ	30〜60cm

葉腋にベルのような花が1〜2個垂れ下がる。花の長さ1.5〜2cm

▲長楕円形の葉が茎の左右にほぼ2列に互生し、茎の上部がたれる

ナルコユリ アマドコロにくらべて葉が細長い披針形で、垂れ下がる花の数も多い

シャガ

射干

花期	4～5月
花色	淡青紫色
生育地	山地 林内の日陰
分布	本州～九州
分類	アヤメ科 アヤメ属 多年草
高さ	30～60cm

剣状の葉は常緑で光沢があり、2列に並んで扇状につきます。葉の間から花茎を斜めに立ち上げ、上の方で枝分かれしてアヤメ形の花を咲かせます。花は一日花ですが、毎日違った花が次々と咲きます。葉がヒオウギに似ていることから、名にヒオウギの漢名「射干」の字を当てています。よく似たヒメシャガは花の色が濃く、シャガより小型です。

ヒメシャガ

花は淡紫色で花径3～4cm。果実ができないシャガと違ってよく結実する

▼花径5～6cm。真ん中の雌しべの先端が深く3裂して、花びらのように見える

▲日光があまり届かない林の斜面などに根茎を伸ばして群生しているほか、庭にも植えられる

ハルリンドウ

春竜胆

根元から出た葉がロゼット状で越冬し、春に花茎を数本立ち上げ、青紫色の花を1個ずつ上向きに開きます。花は先が5裂し、三角状の花弁の間にさらに小さな副花弁があり、真上から見ると星形に見えます。日差しを受けて開き、夜や雨の日は閉じます。よく似たフデリンドウは、株もとの根生葉が小さく、花期にロゼット状に広がりません。

花期	3〜5月
花色	淡青紫色
生育地	山地：草地
分布	本州〜九州
分類	リンドウ科 リンドウ属 越年草
高さ	5〜15cm

フデリンドウ

つぼみが筆の穂先に似て、茎葉は裏面が赤紫色を帯び、上部に密生してつく

◀春に咲くリンドウの代表。根生葉は大きな長卵形で、花時にもロゼット状になって残っている

コケリンドウ

苔竜胆

卵状菱形の葉をロゼット状に広げて越冬し、よく分枝する茎を立ち上げますが、大きくても草丈は10cmほどです。茎には先のとがった小さな卵形の葉が密に対生し、先に淡青紫色の花を上向きに開きます。花の先が浅く5裂しますが、裂片の間に花弁と同じくらいの大きさの副花弁があるので10裂しているように見えます。

花期	3〜6月
花色	淡青紫色
生育地	山地：草地
分布	本州（東北地方南部以南） 〜九州
分類	リンドウ科 リンドウ属 越年草
高さ	3〜10cm

▼まれに白花もある。タネからの発芽率がよいので小鉢でも楽しめる

◀花は淡青紫色。中心あたりは淡黄色で細かい斑点があり、副花弁が大きいので10花弁のように見える

カンスゲ

花 期	4〜5月
花 色	黄褐色
生育地	山地：山地の林内、谷沿い、岩上
分 布	本州（福島県以西の太平洋側）、四国、九州
分 類	カヤツリグサ科 スゲ属 多年草
高 さ	20〜40cm

寒菅

線形の葉は光沢のある濃緑色で、縁がざらざらしてとても硬く、冬でも青々しています。春に花茎を伸ばし、先端に線形で褐色を帯びた雄性小穂を1個、その下に太くて短い円柱形の黄褐色の雌性小穂を3〜5個つけます。よく似たヒメカンスゲは線形の葉に光沢がなく、2〜4個つく雌性の側小穂の基部にある苞葉の鞘が暗赤色を帯びます。

花茎につく頂小穂は雄性で褐色を帯び、長さ2〜4cm

▲林の中などに茎や葉が密生して生え、常緑で冬も枯れないのが名の由来

ヒメカンスゲ

ヒメカンスゲは葉の幅が2〜4mmと狭く、光沢がない

◀側小穂は雌性で短い円柱形、密に果実をつける

ゼンマイ

〔 銭巻 〕

▲若芽の先がくるりと巻いて丸い銭の形に似ているのが名の由来。時計などに使われる「ぜんまい」はこれが由来

山菜として親しまれているシダ植物です。葉は胞子葉と栄養葉の2種類の葉があり、春に束になって出てきます。幼葉の先が淡褐色の綿毛に覆われ、渦巻状にくるりと巻いている栄養葉を食用にします。成葉は2回羽状複葉で、下方の羽片が長く、下が広がった三角状になります。胞子葉は羽片が狭く粒状で胞子嚢が密生して直立します。

花 期	花は咲かない
生育地	山地：山野の湿性地
分 布	全国
別 名	アオゼンマイ、ゼンコ
分 類	ゼンマイ科 ゼンマイ属 多年生シダ
高 さ	(栄養茎) 60〜100cm

▼羽片は縮んだ線状で、胞子嚢を密生して直立する

ワラビ

〔 蕨 〕

▲握りこぶしを振り上げたような形で芽生えたものを山菜として利用する。葉が開くと硬くなる

山地の日当たりのよい場所でふつうに見られるシダ植物です。太くて長い地下茎が地中を横に這い、ところどころから葉を出して群生します。葉は3回羽状複葉で、1mくらいになるものもあり、葉縁にそって胞子嚢が列になってつきます。万葉集や源氏物語にも登場し、ゼンマイとともに山菜としても古くから親しまれています。

花 期	花は咲かない
生育地	山地：山地の草原、土手
分 布	全国
分 類	コバノイシカグマ科 ワラビ属 多年生シダ
高 さ	葉柄の長さ1m前後

▼葉身は三角状卵形で、長さ幅とも1mくらいになるものもある

ムラサキサギゴケ

 紫鷺苔

花期	4〜6月
花色	紅紫色、白色
生育地	湿地：田の畦、湿地
分布	本州〜九州
分類	ハエドクソウ科 サギゴケ属 多年草
高さ	5〜10cm

根際に集まったロゼット状の葉の中から匍匐茎を出して四方に広がり、花茎の先に唇形花をまばらにつけます。花は上下2唇に分かれ、下唇は大形で3裂し中央に黄褐色の斑紋があります。苔のように地面に広がり、花形がサギに似るのが名の由来です。よく似たトキワハゼは、全体に小形で匍匐茎は出さず、春から秋まで長く咲きます。

◀花は上下唇に分かれた唇形花で、長さ1.5〜2cm。上唇は2裂して小さく、下唇は3裂して中央に濃色の斑点があり大きい

▲白い花を咲かせるものをサギゴケという。地面にへばりつき、シバのように地を這うのでサギシバの別名もある

トキワハゼ

名の常磐は花期が長いこと、ハゼは果実がはぜることだといわれる。花は長さ1cmと小さく、下唇は淡い紫色を帯びた白色

▲匍匐茎を出して田んぼの畦道などに群生する。花時は一面に咲き、よく目立つ

ショウブ

――― 菖蒲 ―――

古名をアヤメグサといい、万葉集などに登場します。全体に芳香があり、端午の節句にショウブ湯として用いられます。葉は扁平で剣のような形をし、中央の太い脈がよく目立ちます。初夏の頃、葉のように見える花茎の先に棒状の花序が斜めに出て、花が下から咲きます。よく似たセキショウは葉の長さが半分以下で、中脈は目立ちません。

花 期	5〜7月
花 色	黄緑色
生育地	湿地 池や小川の水辺、湿地
分 布	北海道〜九州
分 類	ショウブ科 ショウブ属 多年草
高 さ	葉の長さ50〜100cm

セキショウ

小川のほとりなどに生える。葉の長さ30〜50cm

▲葉の長さ50〜100cm。花茎は葉よりも短く、低い位置に咲き、苞と葉が同じような形をしている

ミチタネツケバナ

――― 道種漬花 ―――

ヨーロッパ原産の帰化植物です。在来のタネツケバナは湿地に生えますが、本種は道ばたや公園などのやや乾いた場所にも生え、街中でもよく見ます。開花時期が早く、2〜3月ごろに花をつけ、根生葉は果実がつく頃にも残っているのが特徴です。花は4枚の花弁をつけた十字花で、雄しべはタネツケバナより2本少なく、4本です。

花 期	2〜4月
花 色	白色
生育地	湿地 道ばた、空き地、畑、庭
分 布	全国（帰化植物）
分 類	アブラナ科 タネツケバナ属 1〜越年草
高 さ	20cm 前後

▲花弁は4枚で長さ2〜3mm。雄しべはふつう4本
◀茎にはほとんど葉がつかず、花や果実をつけても根生葉が残る

タネツケバナ

種漬花

花期	3〜6月
花色	白色
生育地	湿地 水田、湿地、川岸
分布	全国
分類	アブラナ科 タネツケバナ属 越年草
高さ	10〜30cm

茎の下部は紫色を帯びて毛があり、多数の枝を出して直立し、春、水がぬるむ頃に白い花をたくさん咲かせます。葉は羽状複葉で、先端の葉が一番大きいです。イネの種籾を水に漬けて苗代の準備をする頃に花を咲かせるので、この名があります。水辺には仲間のオオバタネツケバナがあり、テイレギの名で若葉を山菜として利用します。

▲花は4弁の十字形。花径3〜4mmで雄しべは6本

▲花茎が立つ前、ロゼット状の若苗を食用に利用できる。ぴりっとした辛さが味わえる

茎の高さは20〜40cmと大形　オオバタネツケバナ

▲花期が長く、早春の頃は短かった花茎も初夏には30cmくらいに伸び、次々と咲いてよく目立つ

オランダガラシ

—— 和蘭辛子 ——

ヨーロッパ原産の帰化植物です。明治時代初期に渡来したものが野生化し、各地に広がっています。太い茎は中空で、下部の節からひげ根を出し、流水に浮かんで生育します。葉は羽状複葉で、卵形の小葉は上部のものほど大きくなります。白い十字花を総状につけ、花序は花後も伸びます。果実は柄の先につき弓形に曲がります。

花期	4〜8月
花色	白色
生育地	湿地：平地〜山地の湧水地、小川、水辺
分布	全国（帰化植物）
別名	クレソン
分類	アブラナ科 オランダガラシ属 多年草
高さ	20〜50cm

▲花径8mm、花弁は4枚。花後、長さ1cmほどの果実が長い柄の先に曲がってつく

▲クレソンの名で知られ、花が咲く前の軟らかそうな茎を採取してサラダや肉料理の添え物に利用できる
◀名のオランダは外来種の意味。生食するとピリッと辛いことから、外国から来たカラシが名の由来。現在は各地の水辺に広がっている

セリ

芹

花期 7～8月。

花色 白色

生育地 湿地：水辺、水田、休耕田、湿地

分布 全国

分類 セリ科
セリ属
多年草

高さ 20～50cm

春の七草のひとつで、栽培もされて古くから食用にされてきました。白くて太い地下茎が四方に伸び、節から根が出てふえていきます。軟らかな茎が立ち上がり、枝の先に5弁の白い小さな花がかたまって咲きます。葉は2回羽状複葉で、互生します。同じようなところに有毒植物のドクゼリが生えています。セリ摘みの際は要注意です。

▲1つの花は直径2mmほどで花弁は5枚。とても小さいが、10～25個くらいが集まって咲く

▶よく枝分かれし、花が咲くころには枝が立ち上がる。まるで競り合って生えているようなのが名の由来

▼ドクゼリには緑色のタケノコ状の根茎がある。葉が似ていてもタケノコ状の根茎があれば摘んではいけない

ドクゼリ
毒草

大形で生長すると60～120cmの草丈になる。小葉はセリよりも細長い

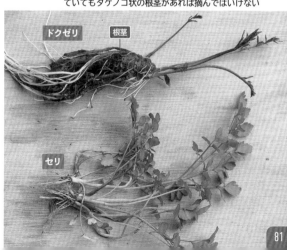

ドクゼリ　根茎

セリ

ウマノアシガタ　毒草

——— 馬の脚形 ———

根生葉は長い柄を持ち、深く3つに裂けて手のひら状になりますが、茎につく葉は柄がなく細く3〜5裂して互生します。上部で分枝した枝の先に黄色の5弁花が上を向いて咲きます。花には多数の雌しべと雄しべがあり、花後、雌しべの集まりが球形の果実になります。根際から出る根生葉の形が馬のひづめに似ていることが名の由来です。

花 期	4〜5月
花 色	鮮黄色
生育地	湿地 草地、土手、林縁
分 布	全国
別 名	キンポウゲ
分 類	キンポウゲ科 キンポウゲ属 多年草
高 さ	30〜70cm

▲花径1.5〜2cm。花弁は丸みを帯び、キンポウゲ属の仲間の中でもとくに黄色の光沢が強い

▲日当たりのよい道ばたや草地でふつうに見られ、群生していることもある

◀有毒植物。根生葉がゲンノショウコ（➡P248）の葉に似ているので、ゲンノショウコで野草茶をつくるときは採取に要注意

ケキツネノボタン

毒草 | 湿地 | 春

―毛狐の牡丹―

花期	4〜7月
花色	黄色
生育地	湿地:田の畦、溝の緑、湿地、休耕田
分布	本州〜九州
分類	キンポウゲ科 キンポウゲ属 多年草
高さ	50〜60㎝

全体に粗い毛があり触るとざらつきます。根際から出てロゼット状に広がる葉も茎につく葉も3枚に分かれる複葉で、小葉はさらに2〜3裂して幅が狭く、先が尖ります。花は黄色の5弁花で、花後に金平糖のような果実をつけます。よく似て全体に毛が少ないキツネノボタンも同じようなところで見られます。どちらも有毒植物。

▲花径1㎝。やや光沢のある5弁花で、多数の雌しべが集まっている

キツネノボタン 毒草

全体に少し毛があるか、または無毛で、葉の裂片の幅がやや広い

▲日当たりのよい田の畦や休耕田などでよく見られ、光沢のある黄色の花を平らに開く

◀金平糖状の果実は先の突起が曲がらない

タガラシ 毒草
──── 田辛し ────

茎や葉のほか花にも光沢があります。茎は太く、基部から分枝して枝先に5弁の黄色い花を多数つけます。葉は腎円形で深く3裂し、裂片がさらに細かく裂け、根生葉は長い柄があります。花後にやや長い球状の集合果をつけます。刺激性の有毒成分を含んでいるため噛むとひりひりとした辛味があり、水田によく生えていることが名の由来。

花期	3〜5月
花色	黄色
生育地	湿地：田や畦、溝、河川敷
分布	全国
分類	キンポウゲ科 キンポウゲ属 越年草
高さ	30〜50cm

▲花径7〜8mm。中央の緑の部分は多数の雌しべが集まったもので、花後、膨らんで集合果になる

▼花が咲いている頃も根生葉は残っている

サクラソウ
──── 桜草 ────

全体に白い軟毛があり軟らかで、サクラに似た可憐な花を咲かせます。「わが国は草もさくらを咲きにけり（小林一茶）」の句もあります。5〜6枚の葉が根際に集まり、その中から花茎を立ち上げ、先端に放射状に花をつけます。多くの園芸品種が誕生していますが、一方、自生地では乱獲や開発などから減少し、野生種は絶滅危惧種。

花期	4〜5月
花色	淡紅色
生育地	湿地：川岸、林内の湿地
分布	北海道、本州、九州
分類	サクラソウ科 サクラソウ属 多年草
高さ	15〜30cm

▲葉は長い柄をもつ長楕円形で、しわが目立ち、縁に浅い切れ込みと鋸歯がある

▲埼玉県田島が原は保護区に指定され、国の天然記念物。花径2〜3cm。花冠が深く5裂する

ノウルシ 毒草

野漆

花 期	4〜5月
花 色	(苞葉や腺体) 黄色
生育地	湿地：湿地、河原、草地
分 布	北海道〜九州
分 類	トウダイグサ科 トウダイグサ属 多年草
高 さ	30〜50cm

直立した茎の先端に、細長い楕円形の5枚の葉が輪生し、葉腋から伸びる枝の先に杯状花序をつけます。遠くから見ると黄色い花が咲いているように見えますが、花びらのように色づいているのは苞葉です。有毒植物で、名は「野に生えるウルシ」の意味。茎や葉を傷つけると有毒の乳液が出て、皮膚につくとかぶれることが名の由来です。

▲葉が5枚輪生し、それぞれの葉腋から放射状に枝を出し、枝の先に杯状花序をつける

杯状花序

苞葉

▲杯状花序の基部につく卵形の3枚の苞葉が明るい黄色でよく目立つ

▲湿った草地などに群落をつくるが、乾燥に弱いことや湿地の埋め立てなどから激減し、絶滅危惧種になっている

カサスゲ

笠菅

長く這う地下茎から茎を立ち上げて群生します。線形の葉は基部の鞘が紫褐色を帯びます。真っ直ぐな花茎の先端に線形で暗赤褐色の雄性花穂をつけ、下方に円柱形の雌性花穂をつけます。菅笠や蓑をつくるために栽培したことが名の由来です。線形の葉が軟らかなアゼスゲや、線形の葉裏が粉白色を帯びるシラスゲなどもふつうに見られます。

花 期	4～7月
花 色	(雄花穂) 暗赤褐色
生育地	湿地：川岸などの湿地
分 布	北海道～九州
別 名	ミノスゲ
分 類	カヤツリグサ科 スゲ属 多年草
高 さ	40～100㎝

単にスゲとも呼ばれる大形のスゲで、丈夫な長い葉を利用して蓑や笠をつくる

シラスゲ

高さ30～70㎝。葉裏が粉白色を帯び、雌性の側小穂がやや垂れ下がる

アゼスゲ

高さ20～50㎝。花茎の先端は褐色を帯びた雄小穂、下の円柱形の穂は雌小穂で直立する

マンテマ

花期	5〜6月
花色	紅紫色で縁は白色
生育地	**海岸** 砂浜、河岸、線路沿い
分布	**本州〜九州**（帰化植物）
分類	ナデシコ科 マンテマ属 越年草
高さ	20〜50cm

ヨーロッパ原産の帰化植物。江戸時代に渡来し、庭に植えられたものが野生化して海岸などで見られます。全体に粗い毛が多く、へら形の葉が対生します。花は一方に偏って穂状につきます。花の付け根に紫色のすじが10本入った萼があります。白〜淡紅色の花をつけるものをシロバナマンテマと呼び、やや細長い花弁をつけます。

▲花径7〜8mm。花弁は5枚で、白い花弁の中央に紅紫色の大きな斑紋が入る

シロバナマンテマ

花が白色または薄桃色で、マンテマにくらべて花弁が細長い

花の基部にある萼片は初め円筒形で、後に膨れて卵形になって果実を包む。穂状の花序の片側に花がつく傾向がある

ハマボッス

浜払子

▲海岸の砂地に生えるほか、土の少ない岩場でも見られる

花 期	5～7月
花 色	白色
生育地	海岸 海岸の草地、礫地、崖
分 布	全国
分 類	サクラソウ科 オカトラノオ属 越年草
高 さ	10～40cm

全体に多肉質で毛がなく、少し赤みを帯びます。茎が根元から立ち上がり、上部で枝分かれし、厚くて光沢のある倒卵形の葉が互生します。茎の先に短い花序を出し、葉状の苞の腋ごとに１つずつ花をつけ、密集して咲きます。花冠は深く５裂します。名のハマは生育地で、花序の様子が仏具の払子に似ていることからこの名があります。

▲花冠は直径1～1.2cmで5裂する。茎の先に密集してつくが、花穂は次第に上に伸びるので花はややまばら

ルリハコベ

瑠璃繁縷

鮮やかなるり色の花は、花径約1cm。深く5裂し、5本の雄しべが飛び出している

花 期	3～5月
花 色	青紫色
生育地	海岸：海岸近く
分 布	本州 (伊豆諸島、紀伊半島) ～沖縄
分 類	サクラソウ科 ルリハコベ属 1年草
高 さ	10～30cm

暖地の海岸近くの道ばたなどに生えています。角張った茎が分枝して地面を這い、上部が立ち上がります。対生する卵形の葉腋に花柄を出し、花を上向きに開きます。花冠は5裂し、花の中心部が赤く染まります。草姿がハコベに似て、るり色の花をつけるのが名の由来です。花が紅色のものをアカバナルリハコベと呼んでいます。

アカバナルリハコベ

ヨーロッパ原産で、ルリハコベの一品種とされ、別名ベニバナルリハコベ

ハマエンドウ

〔浜豌豆〕

花期	4～7月
花色	紅紫色～藤色
生育地	海岸 海岸の砂地、河川敷
分布	全国
分類	マメ科 レンリソウ属 多年草
高さ	地面を這う

▼葉は偶数羽状複葉で、先端が巻きひげになる。小葉は楕円形で3～6対つく

▲蝶形花は長さ2.5～3cm。よく目立つ旗弁が赤紫からのちに青紫に変わる

全体に粉をふいたような緑白色をしています。長い根茎をもち、茎は地上を這って1mくらいになり、上部は斜めに立ち上がります。葉腋に蝶形花が数個かたまってつきます。花の咲き始めは紅紫色で、後に藤色に変わります。まれに白花もあります。海岸などの砂地に生え、エンドウによく似た花や豆果をつけるのが名の由来です。

ウマゴヤシ

〔馬肥やし〕

花期	3～5月
花色	黄色
生育地	海岸 海岸近く、道ばた、草地
分布	全国（帰化植物）
分類	マメ科／ウマゴヤシ属 1～越年草
高さ	10～60cm

コメツブウマゴヤシ

全体に短い毛があり、蝶形花が多数球状に集まってつく

花は長さ3～5mmの蝶形花で、花の柄は葉柄とほぼ同じ長さ

江戸時代に渡来したヨーロッパ原産の帰化植物。全体に無毛で、茎は横に這い上部が斜めに起き上がります。葉は3枚の小葉に分かれていて、葉柄の基部につく托葉が櫛の歯状に切れ込みます。葉腋から出た花柄に数個ずつ蝶形花を開きます。同じようなところで見られるコメツブウマゴヤシは、花数が多く、托葉が切れ込みません。

ハマダイコン

〔浜大根〕

葉は羽状に全裂し、両面に毛があり触るとちくちくします。根元から束になって出た葉はロゼット状で冬を越し、春に茎を立ち上げて分枝した枝の先に総状に花をつけます。花が終わると数珠状にくびれて、先が細くとがった果実をつけます。名は海岸に生えるダイコンの意味ですが、根はダイコンのように太くなりません。

花 期	4〜6月
花 色	淡紅紫色
生育地	海岸：海岸の砂地
分 布	全国
分 類	アブラナ科 ダイコン属 越年草
高 さ	30〜70cm

花弁が4枚ついて十字形になる

4弁花

▲花は4弁花で、卵形の花弁に紫色のすじがある

▼数珠状にくびれて先が細くとがった果実は長さ5〜8cm。熟しても裂けない

▲総状花序にたくさんの花がつき、海岸を淡紅色に彩る

◀根は硬くダイコンのように太くならないが、肥料を与えると太くなるので、栽培種が野生化したという説がある

ハマハタザオ

―― 浜旗竿 ――

花期	4〜6月
花色	白色
生育地	海岸：海岸の砂地
分布	北海道〜九州
分類	アブラナ科 ヤマハタザオ属 越年草
高さ	20〜40㎝

▼海岸の砂地に群生し、白い花が総状花序をつくって多数咲くので美しい

▲茎葉は質が厚い長楕円形で、花は十字形の4弁花。化後に長い果幷が茎に沿って束になって直立してつく

長楕円状のへら形の葉がロゼット状に広がり、その中から何本も茎が出て株立ち状になります。葉の両面に星状毛があります。茎の先に、白い花を総状にたくさん咲かせます。ハタザオは細い茎が真っ直ぐに立つ様子から旗竿と書きます。本種は海岸の砂地に生え、茎を立てるのでこの名がありますが、茎は太くずんぐりとしています。

キケマン

―― 黄華鬘 ――

花期	3〜6月
花色	黄色
生育地	海岸：海岸近くの道ばたや草地
分布	本州（関東地方以西）〜沖縄
分類	ケシ科／キケマン属 越年草
高さ	40〜80㎝

▼葉は3〜4回羽状に裂けて狭三角形

▲花は長さ約2㎝、一方が唇状に開き、他方が短い距になり、横向きにつく

全体が粉をまぶしたような緑白色をしています。太い茎に、ニンジンの葉のように羽状に切れ込んだ大きな葉が互生します。茎や葉を傷つけると悪臭がします。枝先につく筒状の花は、先のほうに紫色の斑紋があり、下から順に咲きます。名の華鬘は仏前を飾る装飾品で、花の形を華鬘に見立て、花が黄色なので、この名があります。

ツルナ

蔓菜

花 期	4～11月
花 色	黄色
生育地	海岸 海岸の砂地、礫地
分 布	全国
分 類	ハマミズナ科 ツルナ属 多年草
高 さ	40～80㎝

海岸の砂地に生えますが、野菜として栽培もされています。茎は下部が地面を這い上部が斜めに立ち上がります。肉厚の葉は軟らかく無毛ですが、粒状の突起があるのでざらざらしています。葉腋に小さな黄色い花が次々と咲きます。花弁のように見えるのは萼片で花弁はありません。茎がつる状で、葉を菜として食用とするのが名の由来です。

▲砂浜に群生するが、野菜としても栽培される

▲全草が多肉質で、つる状の茎に卵状三角形の葉が互生する。葉の縁はなめらか

▼葉腋に黄色い小花を1～2個開く。花弁状の萼片の長さ4㎜ほどで、裏面は緑色

アサツキ

| 浅葱 |

花　期	5～7月
花　色	淡紅紫色
生育地	海岸 海岸、草地
分　布	北海道～四国
分　類	ヒガンバナ科 ネギ属 多年草
高　さ	30～50cm

ネギを細くしたような姿で、各地に野生化もしていますが古くから栽培もされています。地下に淡紫褐色の外皮に包まれたラッキョウ形の鱗茎があり、よく分球してふえます。淡緑色で香りのある軟らかな葉が根元に数個つきます。花は花茎の先にネギ坊主のようにつきます。ネギより浅い緑色の葉をつけるのが名の由来といわれています。

半球状に集まった花。6枚の花被片は長さ1cmほどで、先が鋭く尖り6本の雄しべが突き出る

▼葉は細い円柱形。春先に出て花を咲かせたあと枯れ、秋にまた出てくる。春と秋に芽吹いた若い芽を薬味などに利用する

▲花茎は葉よりも長く伸び、ネギ坊主形の花序をつける

コウボウムギ

― 弘法麦 ―

太い地下茎が地中を横に長く這い、三角柱状の太い茎と、線形で硬い角質の葉が根元から出ます。四角ばった茎も葉の縁もざらつきます。強風や乾燥に耐えるため、葉や茎が硬く丈夫です。多数の小穂が穂状に密生した円柱状の花序をつけます。根元にある暗褐色の繊維状の古い葉を弘法大師の筆に、穂を麦に見立てたのが名の由来です。

花 期	4～6月
花 色	淡褐色、黄緑色
生育地	海岸：海岸の砂浜
分 布	北海道（西南部）～沖縄
別 名	フデクサ
分 類	カヤツリグサ科 スゲ属／多年草
高 さ	10～20cm

▲結実期の雌株。ずんぐりした麦の穂のような雌花の塊の雌小穂をつける

▼雌雄異株。雄株は淡褐色の雄しべの葯が多数ついた雄小穂をつける

コウボウシバ

― 弘法芝 ―

長い地下茎が地中を這い、滑らかな茎と光沢のある硬い線形の葉を出します。根の基部は暗紫褐色を帯びています。茎の上部に線形の雄性の小穂をつけ、下部に短い円柱形の雌性の小穂をつけます。砂浜に育つコウボウムギに似て、それより小さいのが名の由来です。海浜植物の特質で、強風に耐えられるよう草丈が低くずんぐりしています。

花 期	4～7月
花 色	淡褐色、黄緑色
生育地	海岸：海岸の砂浜、河川敷
分 布	北海道～沖縄
分 類	カヤツリグサ科 スゲ属／多年草
高 さ	10～20cm

茎の上部につく褐色の穂は雄花の集まりで、長さ2～3cm。茎の下部につく短円柱の穂は雌花の集まりで、長さ1.5～2cm

夏の
草花と雑草

涼風が心地よい初夏から葉色が濃くなる
盛夏には、夏を謳歌するように咲き誇る
草花たちの旺盛な姿が見られます。少し
足をのばして、川辺や海辺の花も楽しみ
ましょう。いかにもフレッシュな感じが
して、目や心を癒してくれます。

ノボロギク

野襤褸菊

花 期	1年中
花 色	黄色
生育地	人里 畑、道ばた、空き地
分 布	ほぼ全国（帰化植物）
分 類	キク科 キオン属 1～越年草
高 さ	30cm 内外

ヨーロッパ原産で明治の初めに渡来した帰化植物です。中空で軟らかな茎の先につく花は、黄色の筒状花だけが集まった頭花で、つぼみのように見えます。霜や雪にあたっても枯れることはなく、暖地ではほぼ一年中咲いています。名は「野に咲くボロギク」という意味。ボロとは、タンポポのような白い冠毛がぼろくずのように見えるから。

▲果実はタンポポに似た冠毛によって風で飛ぶ

▲最近は根生葉を広げた芽生えが1年中みられる

花弁状の舌状花が退化して、筒状花だけが集まっているので、黄色の頭花がつぼみのように見える

ヒメジョオン

──── 姫女苑 ────

花期	6〜10月
花色	白色
生育地	人里：道ばた、空き地、河川敷、荒地
分布	全国（帰化植物）
分類	キク科 ムカシヨモギ属 1〜越年草
高さ	30〜100cm

北アメリカ原産で、明治初年に渡来した帰化植物です。まばらな毛がある硬い茎が直立し、上部で枝分かれした茎の先に多数の花を開きます。ハルジオン（➡P18）によく似ていますが、茎につく葉の基部は茎を抱かず、つぼみのときに花柄ごと垂れることはありません。また、長い柄のある根生葉は花時には枯れていて見られません。

❗ 茎の中に組織がつまっていて、空っぽでないのが特徴

中実

▲茎の中は中実。白い髄がつまっていて、ハルジオンのように中空ではない

▼根生葉は長い柄をもつ卵形で、縁に粗い鋸歯がある。花時はなくなっている

花は白または淡紫色の舌状花と黄色の筒状花からなる頭花で、花径約2cm。つぼみはうなだれない

▶繁殖力が旺盛で、どこでもふつうに見られ、休耕地などに群落をつくっている

夏 人里

ビロードモウズイカ

天鷺絨毛蕊花

ヨーロッパ原産の帰化植物。明治初期に渡来し、観賞用に
栽培されていたものが逃げ出して各地に野生化しています。
全体に灰白色の毛に密に覆われ、根生葉の間から花茎を真
っ直ぐに立ち上げ、長い花穂に黄色の花が下から上に咲き
あがっていきます。葉がビロード状の綿毛で覆われ、雄し
べに毛が生えていることが名の由来です。

花 期	8〜9月
花 色	黄色
生育地	人里：道ばた、石垣、荒地、河原、海岸
分 布	ほぼ全国（帰化植物）
別 名	ニワタバコ
分 類	ゴマノハグサ科 モウズイカ属 越年草
高 さ	1〜2m

▲花径2〜2.5cm。5本ある雄しべのうち、上側の短い3本の雄しべの花糸に白い長い毛が密生する

タバコ

長さ60cm。白い毛が生えないので、葉は白っぽく見えない

◀こぼれた種子からも発芽するほど丈夫で、野生化もしている

ウリクサ

瓜草

花期	8〜10月
花色	淡紫色
生育地	人里：道ばた、庭、畑、空き地
分布	全国
分類	アゼナ科 アゼナ属 1年草
高さ	地面を這う

四角張った茎が基部で分枝して地面に広がり、長さ10〜20cmになり、上部が斜めに立ち上がります。卵形の葉は対生し、茎の上部の葉腋から細い花柄を伸ばして小さな唇形花を1つずつ開きます。花後に実とほぼ同じ長さの萼に包まれた楕円形の実を結びます。この実の形がマクワウリの形に似ていることが名の由来です。

▼よく分枝して地面に広がり、日当たりのよい場所では茎や葉が紫色を帯びる

▲葉は先があまり尖らず、縁に少数の鋸歯があり向かい合ってつく

▼花は唇形花で長さ7〜10mm。上唇は浅く2裂し、下唇は3裂する

コナスビ

小茄子

花期	5〜6月
花色	黄色
生育地	人里：道ばた、草地、畑、庭、芝生
分布	全国
分類	サクラソウ科 オカトラノオ属 多年草
高さ	地面を這う

全体に軟毛があり、触れるとざらつきます。茎は多少赤みを帯び、地を這って四方に広がり、対生する卵形の葉のわきに小さな黄色い花を開きます。花冠は深く5裂し、先のとがった細い萼片が花弁の間からのぞきます。花後短い柄が下を向き、5枚の萼片に包まれた丸い実をつけます。名は小さな丸い実をナスに見立てたものです。

◀毛が生えた茎が根際で枝分かれして地面を這い、長さ10〜20cmになる

▶花冠は直径5〜7mmで、5つに深く裂けて5弁花のように見える。花弁の真上には雄しべがある

オオバコ

大葉子、車前草

すべての葉が根元から出て、地面に張りつくように広がります。葉は卵形で長い柄をもち、光沢はなく5本の脈が目立ちます。放射状に広げた葉の中心から数本の花茎を立ち上げ、上部に小さな花を穂状につけます。葉が大きいことが名の由来ですが、花茎が強くしなやかなので、からませて引っ張り合う遊びから、スモウトリバナとも呼ばれます。

花 期	4～9月
花 色	白色、淡緑色
生育地	人里：道ばた、空き地、荒地
分 布	全国
分 類	オオバコ科 オオバコ属 多年草
高 さ	10～20cm

▲花期は長く、秋のころまで穂が出ている。花茎に葉はつかない

▲花は雄しべが長く突き出て、穂の下から咲きはじめる

▼踏み固められた農道などのわだちに沿って生え、車前草の漢名がある

ヘラオオバコ

―― 箆大葉子 ――

花期　6〜8月

花色　白色、淡緑色

生育地　人里：道ばた、草地、河原、牧草地

分布　全国（帰化植物）

分類　オオバコ科
　　　オオバコ属
　　　多年草

高さ　20〜80cm

ヨーロッパ原産で、江戸時代の末に渡来した帰化植物。名前の由来となったへら形の葉が根元から束になって出ます。葉の質が軟らかいので、オオバコほど踏みつけには強くありません。長く立ち上げた花茎の先に穂状の花をつけ、雄しべが突き出てリング状に下から咲きあがります。同じような場所には白毛に覆われたツボミオオバコも生育します。

▲花穂を取り巻くのは雄しべで、1cmほども長く突き出て白い葯が目立つ。花が終わると花穂は円柱状になる

ツボミオオバコ

北アメリカ原産の帰化植物。花がほとんど開かないのでつぼみのままのように見えるのが名の由来

オオバコのように踏みつけに強くないため、草地に群生することが多い

101

マメアサガオ

┤ 豆朝顔 ├

花期	6〜10月
花色	白色〜淡紅色
生育地	人里：芝地、道ばた、空き地、荒地
分布	本州（関東以西）〜沖縄（帰化植物）
別名	ヒメアサガオ
分類	ヒルガオ科 サツマイモ属 つる性1年草
高さ	つる性

北アメリカ原産の帰化植物。つる性の茎が1〜2mと長く伸び、他物に絡まって広がります。卵形の葉にはまばらに毛があります。葉腋から花柄を1〜2個出し、それぞれの先に漏斗形の小さな花を開きます。花柄にはいぼ状の突起があります。熱帯アメリカ原産で江戸時代に渡来したマルバアサガオは、円形の葉をつけ、漏斗形の花を咲かせます。

花径1.5cmほどで浅く5裂して先が尖り、上から見ると5角形〜星形に見える

マルバアサガオ

葉は裂けず丸い。花色は青紫、紅、紫、白などがある

▼葉は葉先が細くなるものが多いが、ときに3裂してアサガオの葉のようなものもある

花期	6〜10月
花色	朱赤色
生育地	人里：道ばた、荒地、畑、林縁
分布	本州（関東地方以西）〜沖縄（帰化植物）
別名	ルコウアサガオ
分類	ヒルガオ科 サツマイモ属 つる性1年草
高さ	つる性

マルバルコウ

丸葉縷紅

熱帯アメリカ原産の帰化植物で、江戸時代に観賞用に導入したものが逃げ出して野生化したといわれています。心形の葉のわきから長い花柄を伸ばし、漏斗形の花を3〜5個つけます。花冠は上から見ると5角形です。葉が羽状に細かく裂けるルコウソウや、ルコウソウと本種とを両親にした交配種モミジバルコウは花壇で栽培されます。

ルコウソウ 細い糸状の葉をつけ、赤色のほか白、ピンクの花もある

モミジバルコウ

葉が手のひら状に裂け、花は両親より大きく花径約2.5cm

▲長さ2cmほどの筒部の先に鮮やかな朱赤色花を開く。花径1.5〜2cmで雄しべと雌しべが外に突き出る

▼種子の発芽率がよく旺盛に繁茂する。ルコウソウの仲間で葉が丸いのが名の由来。茎は1〜2m伸びる

ヒルガオ

┤ 昼顔 ├

細い地下茎を長く伸ばしてふえます。茎はつる性になり、互生する長楕円形（ごせい ちょうだえんけい）の葉のわきから長い花柄（かへい）を出しラッパ形の花を開きます。花は朝開き、夕方にしおれる 1 日花です。アサガオに対して日中咲いているので、この名があります。よく似たコヒルガオも同じようなところに生えますが、ヒルガオにくらべて花も葉も小型で、花の色が少し薄めです。

花 期	6〜8月
花 色	淡紅色
生育地	人里：道ばた、荒地、野原、河川敷
分 布	北海道〜九州
分 類	ヒルガオ科 ヒルガオ属 多年草
高 さ	つる性

万葉集に美しい花という意味の「かほばな」の名で詠まれている

コヒルガオ

花径3〜4cm。花の基部に三角状の苞葉が2枚あり、花柄の上部に翼状のひれがある

▲花径約5cm。花の基部に先が尖らない卵形の苞葉が2枚あり、花柄は上部に翼がないので滑らか

▲葉は基部の両側が耳形に下に張り出し、矢じり形

ヤエムグラ

─┤ 八重葎 ├─

花期	5〜6月
花色	淡黄緑色
生育地	人里：道ばた、藪、家の周り、林中、空き地
分布	全国
分類	アカネ科 ヤエムグラ属 1〜越年草
高さ	60〜100cm

全体にざらざらしています。角ばった茎はよく分枝し、下向きについたとげで他のものに絡まりながら群がって伸びます。葉は広線形で、6〜8枚が輪生し、葉腋や茎の先に花序を出し、小さな花を開きます。幾重にも重なって茂ることが名の由来ですが、百人一首に登場するヤエムグラは本種ではなく、カナムグラ（➡P118）のことです。

▲葉の先がとげ状に曲がり、縁や裏に下向きのとげがあってざらつく

▲よく分枝する茎はつる状で地面を這って広がり、上部が立ち上がる

淡い黄緑色の花は、花冠が4つに深く裂けて花径1.5mmほどでごく小さい

ケチョウセンアサガオ 毒草

毛朝鮮朝顔

北アメリカ原産の帰化植物で、全草にアルカロイドを含む有毒植物。茎や葉の裏に微細な毛が密生しています。卵形の葉のわきに漏斗形の大きな花をつけます。花は夕方上向きに開き、翌日の昼頃にはしぼみます。花後、球形でとげに包まれた果実を下向きにつけます。よく似て全体にほとんど毛がないチョウセンアサガオも帰化しています。

花期	6〜9月
花色	白色
生育地	人里：荒地、道ばた
分布	ほぼ全国（帰化植物）
別名	アメリカチョウセンアサガオ
分類	ナス科 チョウセンアサガオ属 多年草
高さ	1〜2m

花径10〜13cmで、筒形の長い萼がある。咲きはじめは強い香りがある

チョウセンアサガオ 毒草

チョウセンアサガオは華岡青洲が乳癌の手術に用いたといわれ、マンダラゲともいう

▲果実は球形で下向きにつき、熟すと不規則に裂けて褐色の種子を散らす

ワルナスビ

―― 悪茄子 ――

花期	6〜10月
花色	白色、淡紫色
生育地	人里：道ばた、荒地、空き地、河川敷
分布	全国（帰化植物）
別名	オニナスビ
分類	ナス科　ナス属　多年草
高さ	40〜70cm

北アメリカ原産の帰化植物。長い根茎（こんけい）が地中を横に這って繁殖し、なかなか根絶やしできない厄介な雑草のひとつです。茎は節ごとに「く」の字形に曲がり、鋭いとげをもち、節間（せっかん）に花序（かじょ）を出してナスに似た星形（ほしがた）の花を下向きに開きます。葉は長楕円形で、縁に2〜4個の波状の大きな鋸歯（きょし）が目立ちます。果実は球形で橙黄色（きゅうけい）に熟します。

花粉の入っている袋の部分が花から飛び出ている

葯

▲花径2〜2.5cm。5本ある雄しべの黄色い葯が突き出てナスの花によく似ている

◀球形の果実は直径2〜4cm。緑色からミカン色に熟す

▲道ばたや牧草地などに群生し、外来生物法で要注意種に指定されている

ガガイモ　毒草

蘿藦

花 期	8月
花 色	淡紫色
生育地	人里：草地、土手、河原
分 布	北海道〜九州
分 類	キョウチクトウ科 ガガイモ属 多年草
高 さ	つる性

▲花冠は直径1cmほど。5裂して星形に開き、裂片が反り返る

つる性の茎が他のものに絡まりながら1〜3mの長さに伸び、茎や葉を切ると白い乳液が出ます。葉腋に長い花柄を出し、星形に花を開きます。花の内側に白色の細かい毛が密生しています。表面にイボイボのある紡錘形の果実をつけ、熟すと縦に裂けて長い絹糸のような毛をつけた種子があらわれ、風にのって飛びます。

▼果実は長さ約10cm。表面にいぼ状の突起がある

キキョウソウ

桔梗草

花 期	5〜6月
花 色	濃紫色
生育地	人里：道ばた、空き地、庭、芝生
分 布	福島県以南（帰化植物）
別 名	ダンダンギキョウ
分 類	キキョウ科 キキョウソウ属 1年草
高 さ	30〜80cm

▼葉が茎を抱いて段々につき、葉腋に咲く花も下から上に段々と咲いていくことから、ダンダンギキョウの名もある

北アメリカ原産の帰化植物。明治中期に導入され、観賞用に栽培されたそうです。直立した茎に卵形の葉が茎を抱いて互生します。葉腋に紫色の花が1〜2個ずつつき、斜め上向きに開きますが、茎の下の方はつぼみのままで花を開かない閉鎖花がつき、上部につく花が正常の花です。花径は1.5〜1.8cmほどです。花の色がキキョウを思わせるのが名の由来です。

▼果実は円筒形で、5裂した萼片が残り、熟すと穴ができてそこから小さな種子がこぼれる

ムシトリナデシコ

虫捕撫子

花 期	5〜7月
花 色	紅色
生育地	人里：道ばた、空き地、河原、海岸
分 布	北海道〜九州（帰化植物）
別 名	ハエトリナデシコ
分 類	ナデシコ科 マンテマ属 1〜越年草
高 さ	30〜80cm

ヨーロッパ原産の帰化植物で、江戸時代末期に渡来し、観賞用に栽培していたものが野生化しています。全体に無毛で緑白色を帯びています。直立した茎の先に多数の花が集まって咲きます。卵形の葉は柄がなく、基部が茎を抱いて対生します。茎の節の下に粘液を出す部分があり、小さな虫がつくことがあるので、この名でよばれています。

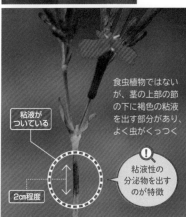

◀花径1cmほどで5枚ある花弁の先がへこむ。ピンクの花が傘状に集まって咲くが白花もある

食虫植物ではないが、茎の上部の節の下に褐色の粘液を出す部分があり、よく虫がくっつく

粘液がついている

2cm程度

粘液性の分泌物を出すのが特徴

▲花壇などに植えられるほか、野生化もしている

◀白化もあり、混じって咲いているのを見かける

ヨウシュヤマゴボウ

〈洋種山牛蒡〉

花期	6〜9月
花色	白色
生育地	人里：荒地、道ばた、空き地、林縁
分布	本州〜九州（帰化植物）
別名	アメリカヤマゴボウ
分類	ヤマゴボウ科ヤマゴボウ属 多年草
高さ	1〜2m

北アメリカ原産の帰化植物。明治初期に渡来し、荒地や道ばたなどでふつうに見られます。やや赤みを帯びた白い小さな花を穂状につけます。5枚の花弁のように見えるのは萼片で、花弁はありません。果実は緑から黒紫色に熟し、垂れ下がります。名は西洋産のヤマゴボウの意味です。ゴボウの名がついていますが有毒植物です。

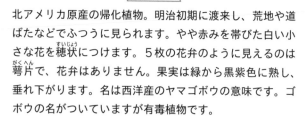

▲秋になると葉が赤く色づく。熟した果実は赤紫色の汁を含み、インクベリーと呼ばれる

▲葉は卵状長楕円形で互生する。無毛で軟らかく、食べられそうに見えるが有毒

▲ゴボウのような根が名の由来だが有毒。漬物になる山ごぼうはキク科のモリアザミの根なので間違えないこと

◀太い茎や枝は赤みを帯び、枝を四方に張って大株になる

ヤセウツボ

痩靫

ヨーロッパ〜北アフリカ原産の帰化植物です。葉緑素を持たない寄生植物で、主にマメ科のシロツメクサに寄生して養分をもらいます。全体に短い腺毛が密生して触れると粘つきます。茶褐色の茎が直立し、先が細くとがった鱗片状の葉が茎を抱き、上部に多数の花をつけます。花は上下2唇に分かれた唇形花で、横向きに咲きます。

花 期	5〜6月
花 色	淡黄色
生育地	人里：畑、道ばた、牧草地、河川敷
分 布	本州、四国（帰化植物）
分 類	ハマウツボ科 ハマウツボ属 1年草
高 さ	15〜40cm

▶葉緑素がないので全体に黄褐色をしている。クローバー類のほか、キクやセリ科にも寄生する

花の縁は波形に切れ込み、紫色のすじがあり長さ1.2〜1.5cm。萼片の先は尾状にとがる

エノキグサ

榎草

人里 夏

直立する茎は下からよく枝分かれして30cm前後の高さになり、茎の表面に張りついた伏毛が見られます。柄の長い卵状長楕円形の葉は縁に浅い鋸歯があり互生します。葉腋に細長い花序を出し、上部に赤みを帯びた雄花が穂状につき、下部に卵形の苞葉に包まれた雌花をつけます。葉が樹木のエノキに似た形と質感をもつことが名の由来。

花 期	8〜10月
花 色	褐色
生育地	人里：道ばた、畑、空き地、林縁
分 布	全国
別 名	アミガサソウ
分 類	トウダイグサ科 エノキグサ属 1年草
高 さ	20〜40cm

▼クワクサ（➡P119）に似るが、本種は雄花の花序が長く、花序の基部に苞葉がある

▲雄花は穂状につき、その基部に雌花が苞葉に包まれてつく。苞葉が編笠に似ているのでアミガサソウの名もある

マツヨイグサ
待宵草

▲花径4cmほどで、花弁は広卵形、4枚ある花びらの中央がややくぼむ。茎はふつう赤みを帯びる

南アメリカ原産の帰化植物。直立した茎に広い線形の葉が互生し、上部の葉腋に鮮やかな黄色の花を1つつけます。花は、夕方に開いて翌朝しぼむと黄赤色にかわります。名は、夕方になると花を開くことから、宵を待つと表現したもの。マツヨイグサの仲間では最も早く幕末に渡来しましたが、現在では減少してあまり見かけなくなりました。

花期	5～8月
花色	黄色
生育地	人里 道ばた、荒地、河原
分布	本州以南（帰化植物）
分類	アカバナ科 マツヨイグサ属 多年草
高さ	50～90cm

▲黄色の花はしぼむと黄赤色にかわる

オオマツヨイグサ
大待宵草

▲葉は細長い楕円形で、葉面に凹凸があり互生する。つぼみが夕方にゆっくり開くので、開花の様子が観察できる

北アメリカ原産で、ヨーロッパで改良された園芸種だといわれています。明治初年に渡来し、各地に帰化しましたが最近は少なくなっています。直立する茎には剛毛があり、大輪の花が上部に集まって、夕方、黄色い火を灯すように咲き翌朝にはしぼみます。4枚ある花弁は長さより幅のほうが大きく、この仲間の中では最も大きな花です。

花期	7～9月
花色	黄色
生育地	人里：道ばた、土手、 空き地、河原、海岸
分布	ほぼ全国（帰化植物）
分類	アカバナ科 マツヨイグサ属 越年草
高さ	1～1.5m

▼花径約8cm。萼は赤みを帯びるが、しぼんでも花弁は黄赤色にならない

メマツヨイグサ

雌待宵草

花 期	6〜9月
花 色	黄色
生育地	人里 道ばた、荒地、河川敷
分 布	ほぼ全国（帰化植物）
分 類	アカバナ科 マツヨイグサ属 越年草
高 さ	30〜150㎝

▼根生葉はロゼット状で葉先が尖り、紫褐色の斑点が入り、脈が赤みを帯びる

▲花径2〜4㎝。花弁と花弁の間に隙間がなく、しぼんでも花弁は黄赤色にならない

北アメリカ原産の帰化植物で、この仲間の中では最も多く見られます。下から分枝して直立した茎に、上向きの軟らかな毛が生えています。花は夕方開いて翌朝にはしぼみますが、日中も夕方開いた花が残って咲いているものもあります。花弁と花弁の間に隙間があるものを、アレチマツヨイグサと呼んで区別することもあります。

コマツヨイグサ

小待宵草

花 期	7〜8月
花 色	淡黄色
生育地	人里：道ばた、空き地、 造成地、海岸、河原
分 布	本州以南（帰化植物）
分 類	アカバナ科 マツヨイグサ属 越年草
高 さ	20〜60㎝

▼花はしぼむとマツヨイグサのように黄赤色に変わる

▲花径2〜3㎝で、マツヨイグサ類のなかでは小形。葉は羽状に裂けるが、深く裂けるものから浅いギザギザになるものまである

北アメリカ原産で、明治後期に渡来しました。暖地の海岸に多く見られますが、近年は空き地や道ばたでも見られるほど広がっています。茎は毛が多く、根元からよく分枝して地面を這うか斜めに立ち上がります。多くは羽状に裂けた葉が互生し、葉腋に1つずつ花をつけ、夕方に開いて翌朝しぼみます。しぼむと花弁が黄赤色に変わります。

絵や詩で描かれた月見草・宵待草はマツヨイグサのこと

一般にマツヨイグサの仲間を「月見草」と呼んでいますが、本当のツキミソウは純白の花で野生化していません。作家・太宰治が『富嶽百景（ふがくひゃっけい）』で富士にはよく似合うといった「月見草」は、オオマツヨイグサかメマツヨイグサだといわれ、本来のツキミソウではありません。画家・竹久夢二が詩に綴った「宵待草（よいまちぐさ）のやるせなさ」も、植物学的にはマツヨイグサです。

1 夜間に活動するガを甘い香りで誘い、吸蜜しやすいように横向きに開く

2 花は柄がなく、子房下位で萼の下部が長い筒になり、花柄のように見える

3 根生葉はロゼット状になり冬を越す。越冬中は葉が赤くなる

ツキミソウ

ツキミソウは夕方に開く花を夕月にたとえたのが由来。白い花はしぼむと紅色にかわる

4 花が終わると円柱型の果実がつき、熟すと4つに裂けて、多くの種子がこぼれる

ヒルザキツキミソウ

昼咲月見草

北アメリカからメキシコが原産の帰化植物。昭和初期に観賞用に導入されたものが野生化しています。基本種は白花で、開花後に淡紅色になります。全体に白く細かい毛が密生して、つぼみのときは下を向いていますが、開花時は上を向きます。よく見るのはカップ状に咲くピンクの花で、花は一日でしぼみますが次々と賑やかに咲きます。

花 期	5〜7月
花 色	淡紅色
生育地	人里 道ばた、空き地、荒地
分 布	全国（帰化植物）
分 類	アカバナ科 マツヨイグサ属 多年草
高 さ	30〜60cm

◀花は杯形の4弁花で花径6〜7cm。花の中心が黄色に染まる

◀日が沈んでから咲くマツヨイグサの仲間だが、日中に開いているのが名の由来。道路沿いなどに群生する

アカバナユウゲショウ

花 期	5〜9月
花 色	淡紅色
生育地	人里：空き地、庭、道ばた、土手、荒地
分 布	関東地方以西（帰化植物）
別 名	ユウゲショウ
分 類	アカバナ科 マツヨイグサ属 多年草
高 さ	20〜60㎝

－｛ 赤花夕化粧 ｝－

北アメリカ南部原産。明治時代より観賞用に栽培されていたようですが、関東地方以西では野生化しています。茎に白色の短い毛が生え、上部の葉腋（ようえき）に薄紅色の4弁花をつけます。夕方に花を咲かせるのが名の由来ですが、日中でも結構咲いています。ユウゲショウとも呼ばれるオシロイバナと区別するために、アカバナの名がついています。

▲花径1〜1.5㎝。丸い花弁に紅色の脈がある。まれに白花もある

▲花は茎の上部の葉腋に1つずつ上を向いて咲く

◀根生葉は先が丸く、羽状に切れ込むことも多い

ツユクサ

露草

茎は枝分かれして下部が地面を這って節から根を出し、上部は立ち上がります。卵状披針形の葉が茎を抱いて互生します。2つに折りたたまれた緑色の苞葉の間に青色の花を開きます。花弁は3枚で、上の2枚が大きく、下の1枚は小さく白色で目立たず、花弁が2枚のように見えます。昼頃に花がしぼむと花弁はとけてなくなります。

花 期	6〜10月
花 色	青色
生育地	人里：道ばた、空き地、庭、荒地
分 布	全国
分 類	ツユクサ科 ツユクサ属 1年草
高 さ	20〜50㎝

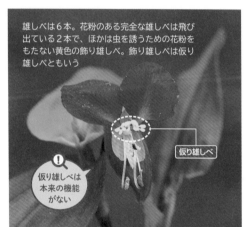

雄しべは6本。花粉のある完全な雄しべは飛び出している2本で、ほかは虫を誘うための花粉をもたない黄色の飾り雄しべ。飾り雄しべは仮り雄しべともいう

仮り雄しべ

❗ 仮り雄しべは本来の機能がない

シロバナツユクサ

白花種のシロバナツユクサ

斑入り葉種のギンスジツユクサ

ギンスジツユクサ

◀朝露をおびて咲いている姿が名の由来。花は昼ごろまでにしぼむ半日花。古くは着草とよんで、花びらを衣にすりつけて布を染めた

チドメグサ

血止草

花期	6〜9月
花色	淡緑色
生育地	人里：田の畦、道ばた、庭、石垣、芝生
分布	本州〜沖縄
分類	ウコギ科 チドメグサ属 多年草
高さ	地を這う

ヒメチドメ

葉は光沢が少なく、基部が開いて直径0.5〜2cm

葉は光沢があり、縁が掌状に浅く裂け直径10〜15mm。葉を揉んで傷口につけると血止め効果があるといわれる

日陰の湿ったところに生えます。細い茎が枝を分けながら地上を這い、節から根を出して四方八方に広がります。長い柄をもつ丸い葉が互生し、葉腋に短い花柄を出し、その先に3〜10個の小さな花が球状にかたまってつきます。同じようなところに生えるヒメチドメは、葉の切れ込みが深く、葉の基部が広く開いているので区別できます。

アメリカフウロ

アメリカ風露

花期	4〜9月
花色	淡紅色
生育地	人里：土手、道ばた、草地、庭、畑、空き地
分布	全国（帰化植物）
分類	フウロソウ科 フウロソウ属 1年草
高さ	10〜50cm

花径1cmほどで、5枚の花弁の先がわずかにへこむ

ヒメフウロ

花期は5〜8月で、花径は約2cm。長い柄の先に2つずつ咲く

北アメリカ原産の帰化植物。全体に軟毛が多く、茎は下部で枝分かれして斜めに立ち上がるか地面を這います。掌状に5〜7に深く裂けた葉が対生し、葉腋に数個花を開きます。昭和初期に京都で発見され、現在は都市周辺に広がり、畑の雑草になっています。最近よく見るヒメフウロは、ハーブとして栽培したものが逸脱してふえています。

カナムグラ

鉄葎

つる性で、茎と葉柄に下向きの小さなとげがあり、他のものに絡みつきながら長く伸びます。葉は掌状に5〜7裂し、裏も表も粗い毛があってざらざらします。雌雄異株で、雄花はたくさん集まって円錐状の花序につき、雌花は球状の花序につきます。名の「カナ」は鉄の意。茎が針金のように丈夫で、覆いかぶさるように茂ることが名の由来。

花期	8〜10月
花色	淡緑色、緑色
生育地	人里：道ばた、荒地、林ややぶの周り、河川敷
分布	全国
分類	アサ科 カラハナソウ属 1年草
高さ	つる性

▲地面や周りの植物などを覆うほどに繁茂し、百人一首に八重葎の名で登場する

▲雄花は淡緑色で大きな円錐状の花序につく。萼片が5枚あるが花弁はない

◀雌花は鱗片状の苞葉に包まれて下垂する。花後、苞は緑色から紫褐色に変わり実を包む

クワクサ

桑草

花期	8〜10月
花色	淡緑色
生育地	人里：畑、道ばた、庭の隅、草地、林縁
分布	本州〜沖縄
分類	クワクサ科 クワクサ属 1年草
高さ	30〜80cm

茎は下部からよく分枝して直立し、細かな毛が密生しています。先がとがった卵形の葉は質が薄く、両面がややざらつきます。雌雄同株ですが、葉腋の短い花序には雄花と雌花が混じって密につきます。どちらも花弁を持たない小さな花で淡緑色、ときに紫色を帯びることがあります。葉の形が樹木のクワに似ていることが名の由来です。

▲雄花。4本の雄しべは萼が深く4つに裂けると飛び出て花粉を飛ばす　▼雌花は萼が開かず、糸状の赤紫色の柱頭が1本出る

▲葉腋に雄花と雌花が混生している花の塊をつける

アリタソウ <毒草>

有田草

茎や葉に毛が多いものと少ないものがあり、ミントを思わせる芳香がある。家畜には有毒植物

南アメリカ原産の帰化植物で、全体に強い臭いがあります。直立する茎はよく分枝し、長楕円形の葉腋に穂状花序を出し、小さな花をつけます。花穂には葉のような小さな苞葉がつき、その腋に両性花と雌花がかたまってつきます。変種のアメリカアリタソウは、葉の切れ込みが深く、花穂が長いので区別できます。

花 期	7〜11月
花 色	緑色
生育地	人里：道ばた、荒地、空き地、畑
分 布	本州〜九州（帰化植物）
分 類	ヒユ科／アリタソウ属 1年草
高 さ	50〜100cm

アメリカアリタソウ <毒草>

種子に駆虫作用があり、本州〜沖縄に帰化。家畜には有毒植物

ゴウシュウアリタソウ <毒草>

豪州有田草

◀葉腋に小さな花がかたまってつく。花は花弁がなく、5枚の萼片は花が終わっても残って実を包む

オーストラリア原産の帰化植物です。全体にアリタソウ同様の特異な臭いのある小型の草です。発芽後早くから花が咲いてタネを結び、よくふえるので、畑では嫌われる雑草です。茎は根元から分枝して地面に張りつくように広がり、後に立ち上がり長楕円形の葉が互生します。花は葉腋に密集してかたまって咲きます。

花 期	7〜9月
花 色	淡黄緑色
生育地	人里：畑、道ばた、庭、空き地
分 布	ほぼ全国（帰化植物）
分 類	ヒユ科 アリタソウ属 1年草
高 さ	15〜40cm

▼茎、葉にも短い毛がある。葉は質が厚く緑に深い鋸歯がある。家畜には有毒植物

コミカンソウ

花期	7〜10月
花色	緑白色
生育地	人里：畑、庭、荒地
分布	本州〜沖縄
分類	コミカンソウ科 コミカンソウ属 1年草
高さ	15〜30cm

──小蜜柑草──

赤みを帯びた茎が直立して小枝を横に広げ、楕円形の葉が規則正しく互生します。葉が枝の左右につくので一見すると複葉のように見えます。花は上部の葉腋につきます。ヒメミカンソウは、やや斜めに傾く茎に小枝と葉をつけます。葉腋につく花は雄花と雌花が並んでつきます。ナガエコミカンソウは、果実が長い柄につながってつきます。

小枝の上に雄花、下に雌花がつく。つぶつぶした赤褐色の果実が小さなミカンのようなのでこの名がある

ヒメミカンソウ

▲コミカンソウと違って果実はしわがなくつるつるしている

❗ 雄花と雌花が葉腋にいっしょにつく

▼茎は斜めに傾いて立ち、小枝と葉をつける

ナガエコミカンソウ

アフリカ原産の帰化植物。星形の花も果実も長い柄につながっている

ドクダミ

戟草

昔から知られた薬草のひとつで、全草に独特の臭気があります。地下の根茎（こんけい）でふえます。4枚の白い花弁のようなものは総苞（そうほう）で、中央の黄色い円柱状（えんちゅうじょう）のものが花です。毒を矯正する、抑制するという意味の「毒矯（どくた）め」から名づけられたといいますが、毒にも痛みにも効くから「毒痛み」説もあります。種々の薬効があるので十薬（じゅうやく）ともいいます。

花期	6〜7月
花色	白色
生育地	人里：藪、林縁、道ばた、日陰の空き地
分布	本州〜沖縄
別名	ジュウヤク
分類	ドクダミ科ドクダミ属多年草
高さ	20〜60cm

▲湿った庭や低地の木陰などに群生する。地下茎や茎葉を民間薬として利用する

▲八重咲きもある

▲茎は軟らかく直立して、先がとがった心臓形の葉が互生する。茎も葉も紅色を帯びる

ヤブカラシ

藪枯らし

花期	7〜9月
花色	緑色（花盤は黄赤色）
生育地	人里：藪、林縁、土手、道ばた、畑、空き地
分布	全国
別名	ビンボウカズラ
分類	ブドウ科 ヤブカラシ属 多年草
高さ	つる性

地下茎を伸ばしていたるところから芽を出し、巻きひげでからみつきながら広がります。芽出しのころは濃い赤茶色をしています。長い柄の先に5枚の小葉に分かれた鳥足状の複葉をつけ、夏に緑色の小さな花を多数開き、花弁が落ちるとピンクになります。藪を枯らすほどの勢いで繁茂するのが名の由来で、ビンボウカズラとも呼ばれています。

花盤

▲オレンジ色の花盤の周りに4枚の緑色の花弁があるが、花弁は開花するとすぐ落ち、花盤はピンクに変わる

▲葉は柄が長く、5枚の小葉が少しずつずれてつく鳥足状　▼葉の反対側から巻きひげが出る

若芽は角ばった茎の赤みが強く、先が曲がる独特の形をしている

巻きひげ

123

カタバミ

傍食、酢漿

花 期	5〜9月
花 色	黄色
生育地	人里：道ばた、庭、畑、空き地、芝生
分 布	全国
分 類	カタバミ科 カタバミ属 多年草
高 さ	地面を這う

▲花径8〜10mm。花も葉と同じように暗くなると閉じる

茎はよく分枝して地面を這って広がり、ハート形の3枚の小葉が長い柄について互生します。葉が緑色のものと赤みを帯びるものがあります。葉腋に5弁の黄色い花を上向に開き、円柱形の果実は熟すと果皮が割れて種子を弾き飛ばします。名は「傍食み」の意で、小葉の上半分が虫に食われたように見えることから名づけられたものです。

▲葉の赤みが強いものをアカカタバミ、薄いものをウスアカカタバミと呼ぶ

オッタチカタバミ

おっ立ち傍食

花 期	4〜10月
花 色	黄色
生育地	人里：道ばた、空き地、庭、荒地
分 布	本州〜九州（帰化植物）
分 類	カタバミ科 カタバミ属 多年草
高 さ	10〜50cm

▲葉は茎の上部、2〜3箇所に集まってつき、葉は長い花柄の先に上を向いて咲く

北アメリカ原産の帰化植物で、1962年に京都で見つかり、近年急激に増えています。全体に白い毛が多く、直根を持たず、横に這う地下茎から茎を立ち上げ、斜め上に伸びる柄の先に3枚の小葉をつけます。花は黄色の5弁花で、長い枝の先に数個咲き、花柄は上を向いていますが、花が終わると柄が水平より下に下がるのが特徴です。

▼果実は白い毛が多く、やや長い果柄につき、多くは柄が斜め下に下がる

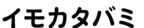

イモカタバミ

人里 夏

花期	4〜10月
花色	紅色
生育地	人里：道ばた、空き地、荒地、畑
分布	本州中部以西（帰化植物）
別名	フシネハナカタバミ
分類	カタバミ科 カタバミ属 多年草
高さ	10〜30cm

芋傍食

花弁に濃紅色の脈が入り、中心部は濃紅紫色。花に触れると黄色い花粉がつく

ムラサキカタバミ

花数が少なく、花色がやや薄い。葯は白色で花粉が出ない

戦後に渡来した南アメリカ原産の帰化植物で、栽培もされています。地下にイモのような塊茎があり、長い柄の先にハート形の3枚の小葉をつけた葉が全て根元から出ます。葉より長い花茎の先に桃紅色の花をたくさん咲かせます。雄しべの先の葯が黄色で、よく似たムラサキカタバミは葯が白色なので区別がつきます。

豆知識 就眠運動をするカタバミの仲間

カタバミ類はいずれも全体にシュウ酸を含み、噛むとかなり酸っぱみがあります。3枚の小葉がバランスよくつくことから、家紋の文様にされます。また、昼間開いて夜は閉じる就眠運動をすることでもよく知られています。

▲葉は3枚の小葉からなり、小葉は先端が凹んだハート形

▼先のとがった円柱状の果実は全面に毛があり、熟すと自然に裂けてタネを飛ばす

ギシギシ

―― 羊蹄 ――

太い茎を立ち上げ、細長い葉が互生します。茎は上部で分枝して枝先の節ごとに多数の花が輪生し、花には花弁がなく緑色の花弁のように見えるのは6枚の萼片です。花後、萼片が翼のようになって果実を包みます。名の由来に、子どもが茎を擦りあわせてギシギシと音を出して遊んだという説があります。若い芽は山菜として利用されます。

花期	5〜8月
花色	淡緑色
生育地	人里 道ばた、田畑の畔、土手
分布	全国
分類	タデ科 ギシギシ属 多年草
高さ	50〜100cm

▲茎の上部が分枝して各節に多数花をつけるので、花序は円錐状になる

◀花は両性花で3mmほど。萼片6枚、雄しべ6本、雌しべ1本。ブラシ状のものは雌しべの柱頭

◀果実は縁にギザギザのある三角状の3枚の翼に包まれる

ナガバギシギシ

──── 長葉羊蹄 ────

花期	5〜10月
花色	緑色
生育地	人里 道ばた、田畑の畦、 土手、荒地
分布	全国（帰化植物）
分類	タデ科 ギシギシ属 多年草
高さ	1〜1.5m

ヨーロッパ原産の帰化植物。ギシギシより全体に濃緑色で、茎や花序（かじょ）が紅色を帯びます。長楕円形（ちょうだえんけい）の葉は縁が縮んで波打ち、果実を包む翼状の萼片（よくじょう）（がくへん）（翼）はほぼ円形で、縁にギザギザがありません。

▶葉の縁は著しく縮んで波打ち、果実を包む3枚の翼の縁が滑らか

エゾノギシギシ

──── 蝦夷の羊蹄 ────

花期	5〜10月
花色	淡緑色
生育地	人里 道ばた、田畑の畦、 土手、荒地
分布	北海道〜 九州（帰化植物）
別名	ヒロハギシギシ
分類	タデ科 ギシギシ属 多年草
高さ	50〜130㎝

ヨーロッパ原産の帰化植物。1909年に北海道で発見されたのが名の由来。果実を包む翼状の萼片（よくじょう）（がくへん）の縁に数個のとげ状のギザギザがあり、中央脈上のこぶが紅色を帯びることでギシギシなどと区別します。

▶果実を包む翼に、はっきりとしたとげ状のギザギザがある

アレチギシギシ

──── 荒地羊蹄 ────

花期	6〜7月
花色	淡緑色
生育地	人里 道ばた、田畑の畦、 土手、荒地
分布	全国（帰化植物）
分類	タデ科 ギシギシ属 多年草
高さ	30〜120㎝

1905年に横浜で発見されたヨーロッパ原産の帰化植物。全体に赤みを帯び、茎がよく分枝（ぶんし）して横に張りますが、ほかのギシギシ類にくらべてほっそりとやせた感じです。花序（かじょ）につく花もまばらです。

▶花は輪生状に集まるが、花の集まりが離れ階段状になるのが特徴

オオケタデ

大毛蓼

花期	7〜10月
花色	紅色、淡紅色
生育地	人里：道ばた、空き地、荒地、河原
分布	全国（帰化植物）
別名	トウタデ
分類	タデ科 イヌタデ属 1年草
高さ	1.5〜2m

東南アジア原産の帰化植物。江戸時代から観賞用に栽培されていますが、こぼれた種子から、毎年花を咲かせるほど丈夫で各地に野生化しています。枝の先に、紅紫色の小さな花をびっしりつけた花穂が弓なりに垂れ下がります。小花の色はいつまでもあせず、次々と新しい花が咲きます。太い茎をもち全体に粗い毛が生えているのが名の由来。

▲花穂の長さ5〜10cm。花弁はなく、花弁のように見えるのは、5裂した萼片

▲葉は長さ10〜20cm。先がとがったハート形で両面に短毛が密生している

オオイヌタデ

大犬蓼

花期	6〜11月
花色	淡紅色〜白色
生育地	人里：道ばた、荒地、畑の畦、河原
分布	全国
分類	タデ科 イヌタデ属 1年草
高さ	1〜2m

太い茎は赤みを帯び、節がふくれてよく分枝します。披針形の大きな葉は多数の葉脈がはっきりと見られ、脈上に毛が少しあります。太い花穂は先が垂れ下がり、紅色か白色の小さな花が多数つきます。花は花弁がなく、萼が深く裂けて花弁のように見えます。名はイヌタデに似てそれより大形の意味で、在来種のタデの仲間では最大。

▲花穂は長さ3〜10cm。花径3〜4mmで、萼片が4〜5枚深く裂ける

▼茎に濃赤色の斑点があり、節の部分がふくらむ

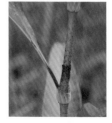

ミチヤナギ

道柳

花 期	5〜10月
花 色	緑色で上部は白色
生育地	人里：道ばた、畑、庭、空き地、荒地
分 布	全国
別 名	ニワヤナギ
分 類	タデ科 ミチヤナギ属 1年草
高 さ	10〜40cm

▼花は萼が5裂して花弁のように見える。裂片は緑色で、縁が白か紅色を帯びる

▲茎が低く広がるので、踏みつけられてもあまりダメージを受けず群生する

丈夫で、踏みつけに強く道ばたなどに群生しています。茎は下からよく分枝して直立し、先が丸い線状長楕円形の葉が互生しています。ほとんど柄のない葉腋に、小さな花が1〜5個ずつかたまって咲きます。花は5裂して開き、縁が白く染まります。ヤナギのような細い葉をつけて、道ばたなどに生えるということが名の由来です。

カラスビシャク

烏柄杓

花 期	5〜8月
花 色	緑色、帯紫色
生育地	人里 草地、林縁、畑
分 布	全国
別 名	ハンゲ、ヘソクリ
分 類	サトイモ科 ハンゲ属 多年草
高 さ	20〜40cm

▼長さ8〜16cmの葉柄の途中にムカゴがつく

▲葉柄の先に3枚の小葉があり、仏炎苞は6〜7cmで葉より高い位置につく

地下にある球茎から芽を出し、緑色の花茎の先に緑色の仏炎苞をつけます。仏炎苞の中に肉穂花序が包まれ、先端は苞から外に飛び出します。葉は3枚の小葉からなり、葉柄にムカゴがつきます。名は、仏炎苞の形から役に立たない柄杓の意味。漢方薬に使うため、昔、球茎を掘って薬屋に売り、小銭をためたので、ヘソクリの名もあります。

スベリヒユ

滑り莧

全体に多肉質で無毛。つやつやした円柱形の茎が地面を這うように広がり、先は斜めに立ち上がります。小さな黄色の花は、日が当たると開きます。果実は熟すと横に裂け、上半分が離れて黒い種子が散ります。軟らかい茎先は食用になり、茹でると独特のつるつるした汁が出ることや、全体が無毛で滑らかなことが名の由来だといわれています。

花期	7～9月
花色	黄色
生育地	人里 畑、道ばた、庭
分布	全国
分類	スベリヒユ科 スベリヒユ属 1年草
高さ	地面を這う

▲葉は基部が長楕円形。肉質で光沢がある

▲花径6～8mm。5枚ある花弁の先が凹み、花の下にロゼット状の数枚の葉がある

▲乾燥に強く、夏の暑い盛りにはびこる畑の有害雑草で農家の人たちに嫌われる　▶果実が熟すと上部の帽子のようなふたが離れて、種子がこぼれる

ハゼラン

＋ 爆蘭 ＋

花期 7〜9月

花色 紅色

生育地 人里
道ばた、駐車場

分布 本州〜沖縄（帰化植物）

分類 ハゼラン科
ハゼラン属
1年草

高さ 30〜60cm

熱帯アメリカ原産。明治の初めに観賞用に導入されたものが野生化し、駐車場のわずかな土があるような場所にも生えるほど丈夫です。全体に多肉質で、無毛で滑らかな円柱形の茎に楕円形の葉が互生します。茎の先に円錐花序を出し、紅色の5弁花を多数つけます。花後につく丸い果実が美しいことから、英名をコーラルフラワーといいます。

花は径6mmほどで、雄しべの黄色い葯がよく目立つ。球形の果実は赤褐色でつやがあり美しい

果実は球形の蒴果。径4mmほどで熟すと割れて種子を出す

▲花が午後3時頃に咲いて、まもなくしぼむことから三時花や三時草の名でも呼ばれる

メキシコマンネングサ

メキシコ万年草

花 期	4～5月
花 色	黄色
生育地	人里：道ばた、空き地
分 布	本州（関東以西）～九州（帰化植物）
別 名	アメリカマンネングサ、クルマバマンネングサ
分 類	ベンケイソウ科マンネングサ属多年草
高 さ	10～25cm

▲5枚の花弁を星形に開く。花弁の長さは4mmほど。全体が鮮緑色で赤みは帯びない。繁殖力が強く、乾燥にも耐える

帰化植物。折れた枝からも発根して新たな株をつくってふえ、グラウンドカバーに利用されたものが野生化しています。全体に無毛で多肉質です。直立する茎に鮮やかな緑の葉が3～5枚輪生し、茎の先に多数の濃黄色の花が傘形に咲きます。メキシコの名がついていますが、メキシコやアメリカには自生せず、原産地はわかっていません。

▲肉厚の円柱状線形の葉は光沢があり、ふつう4輪生（まれに3枚、5枚つく）

コモチマンネングサ

子持ち万年草

花 期	5～6月
花 色	黄色
生育地	人里：道ばた、庭の隅、草地、田畑の畦
分 布	本州～沖縄
分 類	ベンケイソウ科マンネングサ属越年草
高 さ	7～20cm

全体が無毛で多肉質。珠芽は少数の葉をつけていて、夏にぽろぽろと落ちてその姿で越冬する

茎は根際からよく枝分かれし、下部は地を這い、上部は立ち上がり、茎先の枝に5弁花を平らに開きます。花粉ができないので種子がつきませんが、花後にへら形の葉腋に小さな葉をもつ珠芽をつけます。これが地面に落ちて子株になってふえることから子持ちの名がつきました。よく似たメノマンネングサは珠芽ができません。

メノマンネングサ

茎が長く地面を這い、多くの枝を出す。葉は幅の広い円柱状で、葉腋に珠芽はできない

ツルマンネングサ

花期	5〜7月
花色	黄色
生育地	人里 道ばた、石垣、河川敷
分布	全国（帰化植物）
分類	ベンケイソウ科 マンネングサ属 多年草
高さ	10〜20㎝

―― 蔓万年草 ――

朝鮮、中国原産で古くから日本に帰化していたといわれています。全体に無毛で多肉質です。円柱形の茎が長く地面を這い、花をつける茎が立ち上がります。濃黄緑色で光沢がある葉がふつう3枚ずつ輪生し、茎の先に傘状に黄色い花を多数咲かせます。よく似たオノマンネングサは、葉が線形で光沢がありません。

▲花径1.4〜1.8㎝。5枚ある花弁の先がとがり、10本の雄しべの葯は橙黄色

オノマンネングサ

葉は3枚が輪生するが、葉幅は2〜3㎜で先が細くなりややとがる

▲葉はやや幅が広い広倒披針形で、長さ2㎝ほど。花が咲く前の若い茎の先は和え物やサラダで食べられる

133

シロツメクサ

白詰草

ヨーロッパ原産の帰化植物で、明治時代に牧草として渡来しました。茎は長く地を這い、節から根を出して広がり、葉と花茎が立ち上がります。長い柄の先に普通3枚の小葉をつけ、蝶形花がボール状に集まって咲きます。花が白いことと、江戸時代オランダからガラス器を運んできたときにパッキンとして詰められていたことが名の由来。

花 期	4〜9月
花 色	白色
生育地	人里：草地、道ばた、空き地、河川敷
分 布	全国（帰化植物）
別 名	クローバー、オランダゲンゲ
分 類	マメ科 シャジクソウ属 多年草
高 さ	地面を這う

▲葉は3出複葉で柄の長さは6〜20㎝。無毛でふつう小葉に白い斑紋が入る

▲茎が地を這い、立ち上がるのは葉や花の柄だけ。牧草として栽培もされる

◀花茎は20㎝ほどで、花の柄に葉はつかない。多数の蝶形花が集まって咲く。1つの花は長さ1㎝ほどで、花後下向きに垂れる

アカツメクサ

赤詰草

花期	5〜10月
花色	紅紫色
生育地	人里：草地、田の畦、道ばた、荒地
分布	全国（帰化植物）
別名	ムラサキツメクサ、レッド・クローバー
分類	マメ科 シャジクソウ属 多年草
高さ	30〜60cm

ヨーロッパ原産で、明治時代に牧草として渡来し各地に野生化しています。全体に毛があり、茎が直立します。茎の先についた球形の花穂は小さな蝶形花が何十個も集まったもので、花柄が短いので花のすぐ下に小葉がついています。別名ムラサキツメクサ、レッド・クローバーともいい、花色からシロツメクサと区別してこの名があります。

▲ヨーロッパ原産の帰化植物で、シロツメクサと違って茎が地面を這わずに分枝して群生する

▼まれに白い花をつけるものがあり、シロバナアカツメクサと呼ばれている

▲茎が立ち上がり、3枚の小葉は楕円形で裏面に白い軟毛がある。花の下の葉は1対が対生するが、ほかは互生

コメツブツメクサ

米粒詰草

地表に広がって群生する。ツメクサの仲間で花や葉が小型であることを米粒と表現したのが名の由来

花期	5〜7月
花色	黄色
生育地	人里：道ばた、草地、空き地、芝生、河原
分布	全国（帰化植物）
別名	キバナツメクサ
分類	マメ科 シャジクソウ属 1年草
高さ	20〜40cm

ヨーロッパ〜西アジア原産の帰化植物で、明治後期に渡来しました。茎はよく分枝して直立するか、斜めに低く広がります。葉は3枚の小葉からなり、小葉の先はちょっと凹んでいます。花は5〜20個の小さな蝶形花が集まって球状になって咲きます。クスダマツメクサも帰化植物で、蝶形花が多数集まるのでやや大きな球形になります。

クスダマツメクサ

花序に20〜50の蝶形花がつき、コメツブツメクサより大きな球形になる

ヤハズソウ

矢筈草

▲花は蝶形花で葉腋に1〜2個つける

花期	8〜10月
花色	淡紅色
生育地	人里 道ばた、草地、河原
分布	全国
分類	マメ科 ヤハズソウ属 1年草
高さ	10〜30cm

根元から分枝する細くて丈夫な茎に下向きの毛があり、蝶形花が葉腋につきます。葉は長楕円形の3枚の小葉からなり、各小葉に斜めの葉脈が多数ありよく目立ちます。名の「矢筈」は矢の端にある弓のつるを受ける部分をいいます。小葉の先をつまんで引っ張ると、V字形にちぎれて矢筈の形になるのが特徴で、これが名の由来です。

▼小葉の先はへこまない。葉の先を引っ張ると葉脈に沿って矢筈形に切れる

クサフジ

草藤

花期	5～9月
花色	青紫色
生育地	人里 草地、土手、林縁
分布	全国
分類	マメ科 ソラマメ属 多年草
高さ	つる性

茎は地面を這うか、巻きひげで他のものに絡まりながら伸びます。葉は羽状複葉で、先端が分枝する巻きひげになり、蝶形花を多数つけます。花は一方に片寄ってつき、下から順に咲きます。つる性の草で、葉も花も木本のフジに似ているのが名の由来。よく似たナヨクサフジは、花が紫色で、小葉が20枚くらいつきます。

ナヨクサフジ

ヨーロッパ原産で、ヘアリーベッチの名もある

小葉

巻きひげ

▲葉は長さ8～15cmで、小葉は18～24枚。葉の先が3本の巻きひげになる

▶花は10cm前後の長い花序に偏ってつく

メドハギ

―― 蓍萩・筮萩 ――

花 期	8～10月
花 色	淡黄色で紫の線が入る
生育地	人里：草地、土手、荒地、河原
分 布	全国
分 類	マメ科 ハギ属 多年草
高 さ	60～100㎝

▲蝶形花の旗弁の中央に紫斑があり、葉は枝にびっしりと互生する

細くて硬い茎が立ち上がり、上部で分枝し3枚の小葉からなる葉が密につきます。上部の葉腋に蝶形花が集まって咲きます。名は、蓍（筮）萩が詰まったもの。蓍は占いに用いる筮竹のことで、現在はタケを使いますが、もとはこの植物の茎を使ったことが名の由来。仲間のネコハギは、茎が地面を這い、3枚の小葉に軟らかい毛が密生します。

ネコハギ

小葉は軟毛が密生してネコのような手触りがある。白い蝶形花の旗弁に紅紫色の斑点が2つある

ナツズイセン （毒草）

―― 夏水仙 ――

花 期	8～9月
花 色	淡紅紫色
生育地	人里：人家近くの草地
分 布	本州～九州
分 類	ヒガンバナ科 ヒガンバナ属 多年草
高 さ	(花茎) 50～70㎝

▲ヒガンバナの仲間では最も大きな花で、花弁の長さ8㎝。横向きに開き、花弁の先はやや反り返り、雄しべは6本

中国から渡来したといわれる球根植物です。暑い盛りにピンク色にやや青みを帯びた大型の花を咲かせますが、花と葉は同時に見られません。葉は春に出て初夏に枯れ、その後太い花茎を伸ばして、先端に数個の花をつけ、6枚の花弁がラッパ状に半開します。名は、夏に咲くスイセンではなく、葉がスイセンに似ているという意味です。

▲人家近くでよく見られるので、古い時代に中国から渡来して野生化したといわれている

ニワゼキショウ

庭石菖

花期	5～6月
花色	淡紫色、白色
生育地	人里 芝生、道ばた、草地
分布	全国（帰化植物）
分類	アヤメ科 ニワゼキショウ属 多年草
高さ	10～30cm

北アメリカ原産。明治中期に園芸植物として導入された帰化植物です。平たい茎が根元から群がって立ち、茎の先に星形に花を開きます。朝開いて夕方閉じる1日花ですが、次々と咲き、球形の実は熟すと下を向きます。剣状の葉がサトイモ科のセキショウ（➡P78）に似て、庭に生えるのが名の由来。ルリニワゼキショウは青い花をつけます。

▶葉は線形で扇形につく。茎が立ち上がる前は地面に低く葉を広げている

▶花径1～1.5cm。花の色は薄い紫または白で、紫色の脈があり中央は黄色

ルリニワゼキショウ

3本の雄しべの葯がくっついているのが特徴

▲6枚の花被片は同じ大きさで、花は星状に平らに開く。果実は球形で光沢があり、熟すと下に垂れる

オニユリ

鬼百合

古くに中国から食用として渡来したものが、人為的に広まったと考えられています。花は直立した茎の先に下向きにつき、花びらが中ほどから強く反り返る形から、天蓋ユリともいいます。披針形の葉は厚くて光沢のある深緑色で、腋にむかごを多数つけます。よく似たコオニユリは小型で、むかごがつかないので区別できます。

花期	7〜8月
花色	橙赤色
生育地	人里：草地、田の畦
分布	北海道〜九州
別名	テンガイユリ
分類	ユリ科 ユリ属 多年草
高さ	1〜2m

▲鱗茎を食用にするため栽培していたものが、野生化したといわれている

むかご

▲葉腋につくむかごは艶のある黒紫色。ふつう果実ができず、むかごが地面に落ちてふえる

コオニユリ

茎に斑点がなく高さ0.7〜1.5m。葉腋にむかごがつかない

タカサゴユリ

─| 高砂百合 |─

花期	7～10月
花色	白色
生育地	人里：道ばた、石垣、道路ののり面
分布	本州～沖縄（帰化植物）
別名	ホソバテッポウユリ、タイワンユリ
分類	ユリ科／ユリ属 多年草
高さ	40～200cm

台湾原産の帰化植物で、観賞用に導入されたものが道路ののり面などに野生化しています。線形（せんけい）の葉が多数つき、テッポウユリより花筒（かとう）が長い細長いラッパ型の花を横向きに開きます。最近は、テッポウユリと交雑して内側も外側も純白の花をつけるシンテッポウユリもよく見ます。どちらもタネをまくと1年以内で開花します。

▲花径13cm。花弁の先が強く反り返って大きく開く。花の内側は白色

▲花の筒部が15cmと長く、外側は紫褐色を帯び、中央脈はとくに色が濃いすじになる

◀果実が裂けてたくさんのタネが風で飛ばされ、分布範囲を広げる

シンテッポウユリ

テッポウユリとの交雑種の新テッポウユリ。切花用の品種もつくられている

ヤブカンゾウ

藪萱草

野原や人家の近くに生えていますが、古くに中国から渡来したものといわれています。広線形の葉は無毛で先が垂れ、根元に多数集まっています。花は八重咲きで二又に分かれる太い花茎の先につき、朝開いて夕方にしぼむ一日花です。名はやぶに生えているカンゾウという意味です。同じようなところに生える一重の花はノカンゾウです。

花期	7〜8月
花色	橙黄色
生育地	人里：道ばた、田畑の畦、土手、草地、河原
分布	北海道〜九州
別名	ワスレグサ
分類	ツルボラン科 ワスレグサ属 多年草
高さ	80〜100cm

▲花径8〜10cm。雄しべと雌しべが花弁状になって八重咲きになっている

▲若い葉は刀のような形で、向かい合って交互につき、人という字を逆さにしたような姿。若芽は山菜として人気が高い

ノカンゾウ

ヤブカンゾウより小型で、ユリに似た一重の花を咲かせる

ネジバナ

花 期	6〜8月
花 色	淡紅色
生育地	人里：芝生、草地、土手、野原、田の畦
分 布	北海道〜九州
別 名	モジズリ
分 類	ラン科 ネジバナ属 多年草
高 さ	15〜40cm

捩花

日当たりのよい土手の草地などで見られる野生のランです。らせん状にねじれた花穂に小さな花がつき、下から上に横向きに開いていきます。花序がねじれていることが名の由来で、ねじれる方向は右巻きと左巻きがあります。別名のモジズリは、昔、東北地方で行われた型染め、信夫捩摺のねじれ乱れた美しい模様に因んだものです。

▼葉は先がとがった広線形で、長さ5〜20cm。すべて根元から出る

▶花の白いものをシロモジズリといい、まれに見ることがある

▼日当たりのよい芝生などに生え、茎の上部に多数の花を1列にらせん状につける

▲花の長さ4〜6mm。横向きに開き、唇弁の色が薄くほとんど白色

143

イヌビエ

犬稗

平たい茎は基部が赤みを帯び、根元から分かれて群がって立ち上がります。線形の葉は先がとがり、無毛で軟らか。茎の先に円錐形の花序をつけます。花序には数個の枝が斜上してつき、小穂を密につけます。作物のヒエに似て食用にならないのが名の由来。長いのぎを出すケイヌビエ、水田の雑草として嫌われるタイヌビエなどもあります。

花 期	7～10月
花 色	淡緑色
生育地	人里：道ばた、田畑、空き地
分 布	北海道～沖縄
分 類	イネ科 イヌビエ属 1年草
高 さ	70～120cm

▶イヌビエの穂。枝が斜め上を向いてつき、小穂の先が少し垂れる

ケイヌビエ　穂は長い紫色ののぎがよく目立つ

タイヌビエ　小穂はのぎがないか、あっても短い

カモジグサ

髢草

根元から多くの茎が立ち上がり、株立ち状になって群生します。線形の葉は無毛で先が垂れ、互生します。穂状の花序は紫色を帯びた緑白色ですが、小穂に紫色の長いのぎがあるので、花穂全体が紫色に見えます。同じようなところに生えていて、穂が緑色のものをアオカモジグサといい、穂の上のほうがやや傾きます。

花 期	5～7月
花 色	緑白色
生育地	人里：道ばた、野原、土手、畑の周り、草原
分 布	北海道～沖縄
別 名	ナツノチャヒキ
分 類	イネ科 エゾムギ属 多年草
高 さ	50～100cm

▼女の子が若葉で人形の髢（髪）をつくって遊んだことが名の由来

▼小穂が交互に2列につき、穂がアーチ状に緩やかに一方に傾くのが特徴

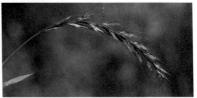

アオカモジグサ　穂は細く、紫色を帯びない

カモガヤ

――― 鴨茅 ―――

ヨーロッパ原産で、明治の初めに北アメリカから牧草として輸入したものが、各地に野生化しています。茎は群がって出て大きな株になり、ときに高さが1mを越すものもあります。葉は線形で軟らかく粉白色を帯びた緑色。茎の先の節から枝を出し、先端の辺りで分枝してそれぞれの枝の先に多数の小穂が塊のようになってつきます。

花 期	7～8月
花 色	緑色
生育地	人里：道ばた、草地、河川敷
分 布	北海道～九州（帰化植物）
別 名	オーチャードグラス
分 類	イネ科 カモガヤ属 多年草
高 さ	80～100㎝

▲円錐花序は直立して長さ10～20㎝。節から出る枝は下のものが長く、上のものが短く、花穂が塊のように見える

▼牧草として栽培されるほか、のり面の緑化にも利用されるがイネ科の花粉症の原因植物でもある

カラスムギ

――― 烏麦 ―――

ヨーロッパ原産の帰化植物で、古い時代にムギとともに伝来したのではないかといわれています。軟らかい茎は深緑色で、扁平で幅の広い線形の葉が互生します。茎の先に円錐状の花穂を出し、まばらに小穂をつけます。小穂は長いのぎが突き出て下垂します。食用にならずカラスが食べるようなムギだということが名の由来です。

花 期	5～7月
花 色	淡緑色
生育地	人里：道ばた、畑、空き地、荒地、河川敷
分 布	ほぼ全国（帰化植物）
分 類	イネ科 カラスムギ属 1年草または越年草
高 さ	50～100㎝

▲円錐花序は長さが15～30㎝、緑色の小穂は大形で長さ2㎝前後で、長いのぎがある

▼畑などに群生することもある。花序を干してドライフラワーに利用できる

カゼクサ

風草

日当たりのよい場所に生え、根が丈夫で踏みつけられても枯れない強健な草です。茎が多数出て株立ちになり、線形の葉が茎の下部に2列に互生します。茎の先に紫褐色を帯びた光沢のある大きな円錐状の花穂を出します。かつて、中国原産の風知草と間違えたことが名の由来といわれていますが、微風にも穂が揺れるからという説もあります。

花 期	8～9月
花 色	紫褐色
生育地	人里：道ばた、空き地、畑、土手
分 布	本州～九州
分 類	イネ科 スズメガヤ属 多年草
高 さ	40～90cm

▲大形の円錐花序に斜め上向きの枝が多数出て、たくさんの小穂をつける

▼茎は直立して大株になる。根が強く張り、茎や葉も丈夫で引き抜きにくい

ニワホコリ

庭埃

全体に繊細であまり目立ちませんが、畑や庭の代表的な雑草のひとつです。茎は基部でよく分枝して下部は曲がって低く広がった後、斜めに立ち上がります。無毛で軟らかい線形の葉をつけ、夏に茎の先に円錐花序を出し、多数の小穂をつけます。庭によく生えて、細かい花穂が埃をかぶったように見えるのが名の由来です。

花 期	7～9月
花 色	淡紫色
生育地	人里：道ばた、畑、庭、空き地
分 布	全国
分 類	イネ科 スズメガヤ属 1年草
高 さ	10～20cm

▼全体が細くて小型。茎が根元から多数出て低く広がる。葉は長さ7cm

▼円錐花序は長さ6～10cmで枝が細く、小穂は長卵形で輪生状につく

セイバンモロコシ

西蛮もろこし

花期	7〜10月
花色	赤褐色
生育地	人里：道ばた、荒地、河川敷、土手
分布	本州〜沖縄（帰化植物）
分類	イネ科 モロコシ属 多年草
高さ	0.8〜2m

▼穂は枝が広く開く大きな円錐形で、赤褐色を帯びる

▲株立ちになり外観はススキに似ているが、葉が軟らかくてススキのようにざらつかない

地中海原産の帰化植物で、1940年代に関東地方で見つかり、近年分布を広げて害草になっています。地下を横に這う根茎から太い茎が出て群生し、茎の先に大きな円錐形の花序を開きます。花序の枝は数回分枝してたくさんの小穂をつけます。ふつう小穂にのぎがありますが、のぎのないものをヒメモロコシと呼んで区別することもあります。

ムギクサ

麦草

花期	5〜7月
花色	緑色
生育地	人里：道ばた、畑、空き地、草地
分布	本州〜九州（帰化植物）
分類	イネ科 オオムギ属 1年草または越年草
高さ	10〜50cm

▲荒地などに群生する。穂は直立した後に花序だけが傾く
◀扁平な花穂は長さ4〜7cm。長いのぎがありオオムギによく似ている

ヨーロッパ原産で、明治時代に渡来した帰化植物です。線状の葉は基部が襟状になって茎を巻き、ほとんど無毛で軟らかです。茎は滑らかで下から分枝して斜めに立ち上がり、茎の先に扁平な穂状の花序をつけます。小穂は3個ずつがセットになって節につきます。作物のオオムギと同じ仲間で、ムギに似ていることが名の由来です。

オカトラノオ

岡虎の尾

花 期	6～7月
花 色	白色
生育地	山地：丘陵、草原
分 布	北海道～九州
分 類	サクラソウ科 オカトラノオ属 多年草
高 さ	60～100㎝

横に這う長い地下茎から太い茎が直立して群生します。先がとがった長楕円形の葉が互生し、茎の先に上部が傾く花穂をつけます。小さな花が一方に偏ってつき、下から上に咲きます。名は、湿地にはえる仲間のヌマトラノオ（➡P173）に対するもので「岡に生えている虎の尾」の意味。太くて長い花の穂をトラの尾に見立てて名づけられました。

▲花穂は長さ10～20㎝。花径は1㎝ほどで、先端が5裂して下から順に咲きあがる

▲長楕円形の葉は長さ6～13㎝で、短毛がある

◀花穂の上部が垂れる。ふつう群生し、同じ方向に垂れる

ホタルブクロ

蛍袋

花期	6〜8月
花色	淡紅紫色、白色
生育地	山地:山谷の林縁、野原
分布	全国
分類	キキョウ科 ホタルブクロ属 多年草
高さ	40〜60cm

全体に粗い毛が生えています。卵状心形の根生葉は長い柄があり、茎葉は先のとがった長卵形で柄がなく互生します。茎の上部に鐘形の花が数輪下向きに咲きます。花の内側に紫色の斑点があります。名の由来に、子供が花の中にホタルを入れて遊んだという「蛍袋」説と、花の形が提灯に似ているので「火垂る袋」の意味だという説があります。

▲大形の釣鐘形の花は長さ4〜5cmで、先端が浅く5裂する　▼長い柄のあるハート形の根生葉は花の時期には枯れている

▲花色に変化が多く、山野や丘陵地、斜面などに群生している

149

カラスウリ

鳥瓜

秋に赤く熟した実が吊り下がると人目を引きますが、花は夜に開き、翌朝までには閉じるのでなかなか見られません。日没後に花弁が開きはじめると間もなく糸状の裂片が現れます。匂いと花色で蜜を求める蛾の仲間を呼び寄せます。よく似て5枚の花びらが広く、大きな黄色い果実をつけるキカラスウリは全国に分布しています。

花期	8〜9月
花色	白色
生育地	山地：林縁、やぶ
分布	本州〜九州
別名	タマズサ
分類	ウリ科 カラスウリ属 多年草
高さ	つる性

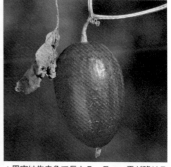

▲果実は朱赤色で長さ5〜7cm。霜が降りる頃にもぶら下がっていてよく目立つ
▼レース編みのような雌花は、甘い香りを漂わせながら開き、しぼむと小さな玉になる

▲茎はつる性で、節から出る巻きひげでほかの植物などに絡まって長く伸びる。若い果実は緑色で白っぽいすじがある

キカラスウリ

雌花の縁のレース状の裂片が太くて短く、横に広がる（左）果実は長さ10cmと大形で、乾燥すると縦筋が深くなり光沢が薄れる（右）

ウツボグサ

花期	6〜8月
花色	紫色
生育地	山地：山地の草地、丘陵、道ばた
分布	全国
別名	カコソウ
分類	シソ科 ウツボグサ属 多年草
高さ	20〜30cm

四角形の茎に先がとがった長楕円形の葉が対生し、茎の先に花穂をつけます。花は唇形花で下から順に咲いていきます。円柱状の太い花穂の形が矢を入れておく筒形の靫に似ているのが名の由来です。また、花が終わると花穂が褐色になり、真夏に枯れたように見えるので、夏枯草の別名もあります。茎が黒く枯れても花の穂は立ったままです。

▲根生葉。長楕円形で柄があり、葉面に毛が密生している

シロバナウツボグサ

白い花をつけるものをシロバナウツボグサという

▲花穂の長さ3〜8cm。花はシソ科特有の唇形花で、下唇は3裂し中央の裂片の縁が細かく裂ける

メハジキ

──── 目弾き ────

全体に白い毛が多く、四角い茎に細く裂けた葉が向かい合ってつき、上部の葉腋に淡紅紫色の花が茎を囲んで数個ずつ段状に開きます。昔、子どもたちが短く折った茎を弓形にまげて、まぶたにはさみ、目を大きく見開いて遊んだことが名の由来です。婦人病の薬草とされ、産前産後に用いることから益母草ともいいます。

花 期	7〜9月
花 色	淡紅紫色
生育地	山地：草地、道ばた、野原、河川敷
分 布	本州〜沖縄
別 名	ヤクモソウ
分 類	シソ科 メハジキ属 越年草
高 さ	50〜150cm

▲シソ科には珍しい羽状に深く3裂した葉で、茎の上部につく葉は裂片が線状

花は唇形花で、花の長さ1cm。花の内面に線状の模様がある

トウバナ

──── 塔花 ────

四角い細い茎が根際から群がって生え、下部が少し這ってから立ち上がります。縁にギザギザがある卵形の葉が対生し、茎の先や上部の葉腋に短い花穂をつくります。花は小さな唇形花で、段状に輪生して咲きます。萼も唇形で、5つに裂けていて短い毛が少し生えています。花穂の形が塔が立っているように見えるのが名の由来です。

花 期	5〜8月
花 色	淡紅紫色
生育地	山地：山野の道ばた、丘陵、田の畦
分 布	本州〜沖縄
分 類	シソ科 トウバナ属 多年草
高 さ	15〜30cm

▼唇形花は小さくて長さ5〜6mm。輪状に数段つく

▼少しじめじめするような山野の道ばたなどでふつうに見られる小型の植物

ミツバ

〔 三葉 〕

全草に独特の芳香があり、昔から山菜として親しまれるほか、江戸時代から栽培もされている数少ない日本原産の野菜です。根生葉は長い柄の先に3枚の小葉がつき、根の近くからまがって横に張り出しています。小葉は先のとがった卵形で、縁に鋭い鋸歯があります。夏に花茎を伸ばして白い花を咲かせ、花後に楕円形の実をつけます。

花期	6〜8月
花色	白色
生育地	山地：林内、丘陵や山地の日陰の道ばた
分布	全国
別名	ミツバゼリ
分類	セリ科 ミツバ属 多年草
高さ	30〜80cm

▲茎が紫色を帯びるものもあり、やや湿ったところを好み、平地から高地の半日陰に群生する

小枝の先に小さな白い花が円錐状にまばらにつく

ヤブジラミ

〔 薮虱 〕

全体にとげ状の毛が生えています。茎は緑色で、上部で分枝し枝の先にたくさんの小さな花が咲きます。葉は羽状に細かく裂けて互生し、葉柄の基部は茎を抱きます。卵形の果実にとげがあって衣服などに引っかかります。やぶに生え、小さな果実が虱のように衣服につくことが名の由来。同じようなところにはオヤブジラミもあります。

花期	5〜7月
花色	白色
生育地	山地：やぶかげ、道ばた、草地、町原
分布	全国
分類	セリ科 ヤブジラミ属 越年草
高さ	30〜100cm

オヤブジラミ

茎や葉が紫色を帯びる。果実は柄が長いのでまばらについているように見える

枝先に5弁の小さな花が密につく。果実は柄が短いのでかたまってついているように見える

クマツヅラ

—— 熊葛 ——

全体に粗い毛があります。四角形の茎が直立し、上部でよく枝分かれして切れ込んだ卵形の葉が対生します。枝の先に小さな花が穂状に多数咲きます。花は筒状で先が5裂して開き、花後、米粒状の実がつきます。名のクマは米の古語で、米粒のような実が連なってつくことが名の由来です。細長い花穂を鞭に見立てたのが別名の馬鞭草です。

花 期	6〜9月
花 色	淡紅紫色
生育地	山地：丘陵地の道ばた、野原、荒地
分 布	本州〜沖縄
別 名	バベンソウ
分 類	クマツヅラ科 クマツヅラ属 多年草
高 さ	50〜150cm

花が下から開いていくので、いつ見ても穂の先のほうにだけに咲いている

ノブドウ

—— 野葡萄 ——

互生する各葉に向かい合って、二又に分かれる巻きひげを出すのが特徴です。淡緑色の小さな花が咲いた後、1つの房の中に、緑や白、紫、紅紫、青色などさまざまな色の実がつきます。実の大きさが不揃いなのは、虫がついたため。名は、野山に生えるブドウの意味ですがブドウの仲間ではなく、ブドウの名がついていても食べられません。

花 期	7〜8月
花 色	淡緑色
生育地	山地：林縁、林内、草原、空き地、土手、田畑の畦
分 布	全国
分 類	ブドウ科 ノブドウ属 多年草
高 さ	つる性

▲果実は直径6〜8mm。独特の色合いで美しいが、ハエなどの幼虫が寄生して虫こぶになっている

▼葉の反対側に集散花序を出して花をつける。花径3mm、花弁は5枚で早く落ちる

オトギリソウ

―弟切草―

花期	7〜9月
花色	黄色
生育地	山地 丘陵、山野の草地
分布	北海道〜九州
分類	オトギリソウ科 オトギリソウ属 多年草
高さ	20〜60cm

上部で分枝した枝の先に黄色い花が集まって咲きます。黒い斑点が全面にある長楕円形の葉が対生し、茎を抱きます。漢方では止血薬やうがい薬にします。名は、鷹の傷を治す秘薬にしていたことを漏らした弟を、鷹匠の兄が怒って切り捨てたという伝説にちなんだもの。よく似たトモエソウは花弁が巴形にねじれ、葉に黒点がありません。

トモエソウ 四角い茎は太く、下部は木質化して高さ50〜120cm。よく枝分かれする

山地の草地でふつうに見られ、茎は丸く直立して優しい感じがする。花は5弁で径1.5〜2cm。朝開いて夕方しぼむ1日花

▲花径4〜6cm。5枚の花弁が巴状にゆがんだ形をしている

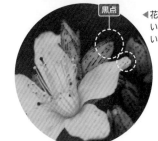

黒点

◀花弁や萼片に赤い色素を含む黒い斑点がある

155

ユキノシタ

=| 雪の下 |=

茎の基部から紅色のランナーを伸ばし、新しい株をつくってふえていきます。白い花の5枚の花弁のうち上の3枚は短く、下の2枚が長くよく目立ちます。昔から薬用に利用されるので植栽もされています。名の由来は、雪のように白い花の下に葉が見え隠れするから、雪の下でも生育するから、舌状（ぜつじょう）の花弁から「雪の舌」など、諸説あります。

花 期	5〜6月
花 色	白色
生育地	山地：湿った岩の上
分 布	本州〜九州
分 類	ユキノシタ科 ユキノシタ属 多年草
高 さ	(花茎) 20〜50cm

▲葉は長い柄をもつ腎臓形。厚くて毛が多く、表面は脈に沿ってふつう白い斑がはいる

5枚ある花弁のうち、上の3枚の小さな花弁に赤色と黄色の斑点があり、下の2枚は長く八の字に垂れ下がる

◀半日陰の湿った場所に群生する

ヤブミョウガ

薮茗荷

花 期	8〜9月
花 色	白色
生育地	山地：林内、やぶ
分 布	本州（関東以西）〜沖縄
分 類	ツユクサ科 ヤブミョウガ属 多年草
高 さ	50〜90㎝

直立する茎の中ほどに長楕円形の葉が6〜7枚接近してつき、茎の先に白い小さな花を輪生状に5〜6段つけます。花は花弁も萼も3枚で、開くとその日のうちにしぼむ1日花です。花後、青藍色に熟すつやつやした果実がつきます。食用に栽培するミョウガの仲間ではありませんが、葉がミョウガに似てやぶに生えることが名の由来。

▲花径7〜10㎜、同じ株に両性花と雄花がつく。写真は両性花で長く飛び出ているのは花柱

▲根茎が長く横に這い、やや湿ったところに群生する

▶果実は直径約5㎜の球形。乾いても果皮が裂けない

タケニグサ 毒草

┤ 竹似草 ├

全体に粉白色を帯び、傷つけると黄汁が出ます。太い茎は中空で、直立して広卵形で羽状に中裂した大きな葉が互生します。茎の先に大きな円錐花序をつくり、たくさんの小さな花がつきます。花には花弁がなく、多数の雄しべと1本の雌しべがあるだけです。つぼみを包んでいた白い2枚の萼片は開花と同時に落ちます。

花期	6〜8月
花色	白色
生育地	山地：丘陵 山野の草地、荒地
分布	本州〜九州
別名	チャンパギク
分類	ケシ科 タケニグサ属 多年草
高さ	1〜2m

▲丘陵や日当たりのよい山地に生え、大きな円錐花序に多数の白い花をつける

▲果実は長楕円形で平べったく、縦に割れて種子を出す

▼円筒状の茎は中空。有毒植物で切るとオレンジ色の汁が出る

クサノオウ 毒草

| 草の黄 |

花 期	4〜7月
花 色	黄色
生育地	山地：草地、林縁、荒地
分 布	北海道〜九州
分 類	ケシ科 クサノオウ属 越年草
高 さ	40〜80cm

薬用にも利用されますが有毒植物です。全体に縮れた白い毛があるので粉白色を帯びて軟らかです。茎はよく分枝して、羽状に切れ込んだ葉が互生し、葉腋から花柄を出して黄色の4弁花を数個開きます。茎に傷をつけると黄汁を出すので「草の黄」、薬草として優れているので「草の王」など、名の由来はいろいろです。

▶花は4弁花で花径2cm。花後、淡緑色の雌しべは線形の果実に育っていく

▼冬の間はロゼット状で過ごす。全体に軟らかで、食べられそうに見えるが有毒植物

▲茎は軟らかくて中空。毛があり、切ると有毒の黄色い汁が出る

オニドコロ 毒草

鬼野老

太い根茎はひげ根を出し横に這い、つる性の茎に長い柄のあるハート形の葉が互生します。葉腋に花穂が上向きか、または垂れ下がってつき、小さな花が多数咲きます。古名をトコロヅラといい、『万葉集』や『源氏物語』にも登場し、古くから親しまれています。根茎を正月の飾りに使う地方もありますが、苦いので食用にはなりません。

花期	7～8月
花色	黄緑色
生育地	山地 林縁、林内、やぶ地
分布	北海道～九州
別名	トコロ
分類	ヤマノイモ科 ヤマノイモ属 多年草
高さ	つる性

▲葉は薄く、先が長くとがった心形で茎に交互につき、葉腋にむかごがつかない

果実

❶ 3枚の翼のついた果実になる

▲花後、花序のもとのほうから果実になる

▲雌雄異株で、雄花は直立する花序につく

▲雌花は下垂する花序につく

ヤマノイモ

―― 山の芋 ――

花期	7〜9月
花色	白色
生育地	山地 丘陵地、林縁、林内
分布	本州〜沖縄
別名	ジネンジョ
分類	ヤマノイモ科 ヤマノイモ属 多年草
高さ	つる性

地下に食用になる円柱形のいもができます。つる性の茎が左巻きに絡まりながら長く伸び、三角状の披針形の葉が対生します。夏に白い小さな花をつけます。雌雄異株で、雄花の穂は直立し、雌花の穂は垂れ下がります。山に自然に生えるいもなので自然薯ともいい、里で栽培されるサトイモに対して、山地で生育することが名の由来です。

▲果実は半円形の3枚の翼があり、葉腋に食用になるむかごができる

▲雌花は葉腋から垂れ下がる穂につく。白い花は平らに開かない

◀雌雄異株で、雄花は葉腋から立ち上がる穂につく

イタドリ

──── 虎杖 ────

太い茎は中空で直立し、上部は斜上します。卵状楕円形の葉は先が尾状にとがって互生し、枝の先や葉腋に円錐状に小さな花を多数つけます。花には花弁がなく、花弁状の萼が5裂し8本の雄しべが突き出ています。よく似たオオイタドリは、より大形で3mの高さになります。痛みをとる薬効があることが名の由来といわれています。

花期	7〜10月
花色	白色
生育地	山地 斜面、土手、荒地
分布	北海道〜九州
分類	タデ科 ソバカズラ属 多年草
高さ	50〜150cm

▲雌雄異株で、雌花は花後、翼のついた白っぽい果実を多数つける

◀花径2〜3mm。花弁はなく、花弁のように見えるのは萼で5裂する

▶円柱形の若い茎は紅紫色の斑点があるたけのこ状で、先端に赤い若葉がつく。山菜として利用する

オオイタドリ

葉は卵形で大きく長さ16〜30cm。上部でよく分枝し、高さ1〜3mになる

イシミカワ

石見川、板帰

花期	7〜10月
花色	緑白色
生育地	山地：荒地、やぶ、河原、道ばた、田の畦
分布	全国
分類	タデ科 イヌタデ属 1年草
高さ	つる性

細い茎や葉柄に下向きの鋭いとげがあり、ほかのものに絡みながら2m以上伸びます。葉は三角形で長い柄があり、基部に円形の托葉がついて茎を抱きます。短い花穂が皿のような苞葉の上に乗るようにつき、花が終わると萼片が多肉質になって果実を包みます。名は、大阪府の石見川の地名に基づくという説がありますが、語源は不明。

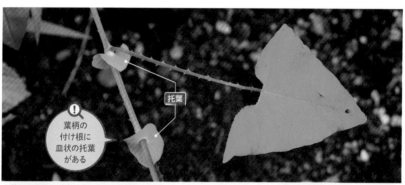

托葉

！
葉柄の付け根に皿状の托葉がある

▲葉は三角形で裏側に柄がついて楯状になる

▲花は花弁がなく目立たない。緑白色の萼が5裂し、花後果実を包む

▲果実を包む萼の色が緑白色から紅紫色、青藍色に変わる。果実は球形

オオバジャノヒゲ

―|大葉蛇の鬚|―

ランナーを伸ばして湿った林内などに群生するほか、庭にも植えられています。線形の葉は多数群がって根生します。葉の中から太い花茎を伸ばし、穂状に小さな花をつけますが、花茎は狭い翼があって平たく、先のほうは弓なりに曲がります。仲間のノシランも庭に植えられますが、こちらは直立する花茎に花を密につけます。

花期	7〜8月
花色	淡紫色、白色
生育地	山地：林縁、林下
分布	本州〜九州
分類	キジカクシ科 ジャノヒゲ属 多年草
高さ	(花茎) 20〜30cm

果実は8〜9mmの球形で、黒味を帯びた碧色

▲日陰の庭に重宝する植物で、大株になると花茎が何本も立ち上がって花つきもよい　▶湾曲する花茎に花を下向きにつける。名は葉が大きいジャノヒゲの意味。ジャノヒゲにくらべて葉の幅が広く、厚みもある

ノシラン

東海地方以西に分布し、花茎の高さ30〜50cm。花を密につける

ジャノヒゲ

蛇の鬚

花期	7～8月
花色	淡紫色、白色
生育地	山地：林縁、林下
分布	全国
別名	リュウノヒゲ
分類	キジカクシ科 ジャノヒゲ属 多年草
高さ	(花茎) 7～12cm

林内でみられるほか、観賞用などに庭にも植えられています。線形の葉は細く縁はざらざらします。葉の間から葉より短い花茎（かけい）を出し、先端に小さな花を下向きにつけ、冬に鮮やかな瑠璃（るり）色の実をつけます。リュウノヒゲともいい、細い葉を蛇や龍の鬚（ひげ）に見立てたのが名の由来です。よく似て属が異なるヒメヤブランは、花が上向きに咲きます。

▲実の皮をむいて中の種子を弾ませて子どもが遊ぶので、はずみ玉の名もある

ヒメヤブラン

ヤブラン属のヒメヤブランはジャノヒゲより小さく、直立した花茎に花が上を向いて咲く

▲葉は長さ10～30cm、花茎は7～12cmでやや曲がり、片側に下向きに花をつける

▼地面を覆ってふえるので、庭のグラウンドカバーに利用される

オオバギボウシ

大葉擬宝珠

山地の草原、岩場、沢などの日陰や湿地に群生するほか、庭にも植えられています。葉は先のとがった卵形で、葉の裏も表も葉脈がはっきりしています。葉よりも長い花茎を伸ばして漏斗状筒形の花を下向きにつけ、下から上へ次々と開いていきます。同じようなところに生えるコバギボウシは小型で、葉に光沢がありません。

花 期	7〜8月
花 色	淡紫色〜白色
生育地	山地：草原、林縁、林内、伐採跡地
分 布	北海道〜九州
分 類	キジカクシ科 ギボウシ属 多年草
高 さ	(花茎) 50〜100cm

▲直立した花茎の先に一方に偏って花をつける。花の長さ4.5〜5cmで、先が6裂する

▼伸びだしたばかりの若い芽は、葉を巻いていてウルイと呼ばれる山菜

コバギボウシ

花茎は高さ約45cm。淡紫色の花の内側に濃紫色の脈がある。葉は長さ7〜15cmで、表面に5〜6本の脈がある

ヤマユリ

==山百合==

花 期	6～8月
花 色	白色
生育地	山地：草地、林縁、林内、土手
分 布	本州（近畿地方以北）
分 類	ユリ科 ユリ属 多年草
高 さ	1～1.5m

日本特産で、世界に誇る美しいユリのひとつです。直立する茎に披針形の葉が互生し、茎の先に1～数輪ときには十数輪の花が横向きに咲きます。花は漏斗状の白花で、赤褐色の斑点と中央に金色の筋が入り、花弁の先が強く反り返り強い芳香を放ちます。球根は苦味が少ないので、古くから「料理ユリ」と呼ばれて食用にされています。

サクユリ

伊豆半島、伊豆七島には花が大型で赤い斑点がほとんどないサクユリが自生する

▲球根も大きく、料理に使われる

▲数個～20個ちかくの花をつけ、遠くからでも目を引き、観賞用に栽培もされる

◀葉は先端がとがった広線形で、5本の脈が目立つ

ウバユリ

姥百合

太い茎の下半分に数枚の大きな葉をつけ、茎の先に筒形の花を横向きに数個咲かせます。花が咲く頃に葉がぼろぼろになり朽ちていることが多いことから、葉なしと歯なしをかけて姥を連想したことが名の由来です。よく似たオオウバユリは中部地方以北に分布し、全体に大形で花が10〜20個つきます。鱗茎は良質のデンプンを含んでいます。

花期	7〜8月
花色	緑白色
生育地	山地：林内、林縁
分布	本州（東北南部以西）〜九州
分類	ユリ科 ウバユリ属 多年草
高さ	50〜100㎝

▲光沢のある若い葉は網目状の葉脈や縁が紫褐色に染まる

オオウバユリ

▶高さ1〜1.5m。花は長さ10〜15㎝で数が多い

▼楕円形の実が熟すと3裂して扁平な種子が散る

▲花は長さ7〜10㎝。筒状で先があまり開かない

アヤメ

菖蒲、綾目

花期	5〜7月
花色	青紫色
生育地	山地：山野の草地
分布	北海道〜九州
分類	アヤメ科 アヤメ属 多年草
高さ	30〜60cm

水中では育たず、乾いた草原に自生しています。細い剣状の葉をもち、分枝せずに直立する花茎の先の苞葉のわきに2〜3個の紫色の花をつけます。アヤメは文目の意味で、垂れ下がった下の花弁の付け根に黄色に青紫の網目の模様があること、あるいは葉の葉脈が縦に平行に文目模様になることからついた名だといわれています。

▲山野に広く分布するほか、古くから庭に植栽もされて親しまれている

▲果実は長楕円形で長さ4cm。熟すと裂けて種子がこぼれる
◀花径7〜8cm。3枚の大きな外花被片は垂れ下がり基部に網目模様がある

ナンテンハギ

南天萩

花期	6～10月
花色	紅紫色
生育地	山地:山野、草地、土手、林縁
分布	北海道～九州
別名	フタバハギ
分類	マメ科 ソラマメ属 多年草
高さ	30～60cm

軟毛に覆われた角ばった茎が群がり出て、直立するか斜上します。小葉が2枚ずつついた葉が互生しますが、巻きひげはつきません。葉腋から柄を出し、そこに10個くらいの蝶形花がかたまってつき、秋の頃まで咲いています。葉の形がナンテン、花がハギに似ているのが名の由来です。小葉が2枚なので、フタバハギの名もあります。

花は長さ1.2～1.5cm。花序に10個以上つき下向きに咲く

▲ハギの仲間ではなく、ソラマメの仲間。花後につく豆果は披針形で3～7個の種子が入っている

▲日当たりのよい乾燥した場所を好み、群生する

クララ 毒草

三葉

花期	6〜7月
花色	淡黄色
生育地	山地：草地、河原
分布	本州〜九州
別名	クサエンジュ
分類	マメ科 エンジュ属 多年草
高さ	80〜150㎝

全体に茶褐色の短い毛があり、円柱形の茎は根際から群がり出て直立し、基部が木質になります。葉は柄をもった羽状複葉で互生します。茎や枝の先に長い花穂を出して蝶形花を下向きに多数咲かせ、花後、数珠状にくびれた莢状の豆果がぶら下がります。名は根をなめると目がくらくらするほど苦いことに由来し、眩草を省略したものです。

◀花穂の長さ10〜20㎝。木本のエンジュのような花が咲くので、クサエンジュの別名がある

◀葉の長さ15〜20㎝。奇数羽状複葉で、長楕円形の小葉が15〜41枚くらいつく

コマツナギ

駒繋

花期	7〜9月
花色	淡紅紫色
生育地	山地：草地、土手、道ばた、河原
分布	本州〜九州
分類	マメ科 コマツナギ属 小低木
高さ	50〜90㎝

よく枝分かれした茎が地面を這うように伸び、7〜11枚の小葉をつけた羽状複葉の葉が互生します。小葉は楕円形で両面に軟毛が生えています。葉腋から花序を出し、蝶形花を多数つけ下から咲いていきます。草本状の小低木ですが、根がよく張って茎が丈夫なことから、馬を繋ぐこともできるだろうというのが名の由来です。

葉は奇数羽状複葉。葉軸の先端に小葉が1枚ついて必ず奇数枚になる

◀花は3㎝程度の短い花穂につく

▶日当たりのよいところに生え、根張りがよく引っ張ってもなかなか抜けない

ギンリョウソウ

〔銀竜草〕

▲白色で薄暗い場所に生えるため幽霊のようなキノコの意味で、ユウレイタケの別名がある

一見するとキノコのように見えます。葉緑素がなく、腐った落ち葉などから栄養分を吸収するので腐生（ふせい）植物と呼ばれ、褐色の根以外はすべて透き通るような白い色。直立する太い茎に鱗片（りんぺん）葉（よう）が互生（ごせい）し、先端に苞葉（ほうよう）に包まれた花が1つ下を向いて咲きます。名は、多数の鱗片状の白い葉に包まれた姿を竜に見立てたものです。

花 期	4〜8月
花 色	白色
生育地	山地：山地の林床
分 布	全国
別 名	ユウレイタケ
分 類	ツツジ科 ギンリョウソウ属
高 さ	8〜15cm

▲花は筒状で花弁が3〜5枚。葉は退化して白いうろこ状

シマスズメノヒエ

〔島雀の稗〕

◀葯が濃紫色で、小穂の縁に絹糸のような毛が生え、枝の基部にも毛がある

南アメリカ原産の帰化植物で、牧草用に栽培されたものが野生化。茎が根際（ねぎわ）から多数出て大きな株になります。茎の先に3〜7本の枝が互生（ごせい）し、各枝の下側に多数の小穂（しょうすい）が3〜4列に並び、縁に長い毛が生えます。在来のスズメノヒエは全体に小形（こがた）で、長い線形（せんけい）の葉には柔らかな毛が生えて、小穂の縁には毛がありません。

花 期	8〜10月
花 色	淡緑色
生育地	山地：草地、田の畦、荒地、河原
分 布	本州〜沖縄（帰化植物）
分 類	イネ科 スズメノヒエ属 多年草
高 さ	40〜100cm

スズメノヒエ

枝の下側に小穂が隙間なく2列に並び、小穂の縁は無毛、葯は黄色

ヌマトラノオ

沼虎の尾

花期	6～8月
花色	白色
生育地	海岸：沼地、湿地、水辺
分布	本州～九州
分類	サクラソウ科 オカトラノオ属 多年草
高さ	40～70cm

全体に無毛で、小形でほっそりした草姿をしています。根茎が長く地中を這って群生します。直立した太い茎に長楕円形の葉が互生し、茎の先に穂状に小さな白い花をつけます。オカトラノオ（➡P148）に似て、沼地に生えることが名の由来ですが、花穂はオカトラノオのように先が垂れずに直立し、花の数も少ないので区別できます。

▲葉は両面ともほとんど無毛で、基部が狭くなって柄がなく互生する

▲地下茎で広がって湿地などで群生する

◀花序は直立し、花が一方に偏らずにつくので花穂はほっそりしている

タカサブロウ

高三郎

全体に短い剛毛があり、触るとざらざらします。赤みを帯びた軟らかい茎は、分枝して直立するか倒れ、披針形の葉が対生します。葉腋から細い柄を出して頭花をつけます。頭花は中心の筒状花も外側の舌状花も実を結び、黒く熟すとぽろぽろと落ちて水に流されてふえます。よく似たアメリカタカサブロウも同じような場所に混生しています。

花期	7〜9月
花色	白色
生育地	湿地：水田や畦
分布	本州〜沖縄
別名	モトタカサブロウ
分類	キク科 タカサブロウ属 1年草
高さ	20〜60cm

アメリカタカサブロウ

熱帯アメリカ原産。以前はタカサブロウと区別されなかったが、種子の周りに翼がないことから別種とされた

▲花径は1cm。中央は緑白色の筒状花、その周囲に白色の舌状花が2列に並ぶ

▶葉は長さ3〜10cm。ほとんど柄がなく縁に浅い鋸歯がある

▲茎を折ると折り口が黒くなる。絞り汁で字や絵がかける

湿地 夏

カセンソウ

歌仙草

花期	7〜9月
花色	黄色
生育地	湿地:草地
分布	全国
分類	キク科 オグルマ属 多年草
高さ	60〜80㎝

細く硬い茎が直立し、上部で分枝した枝先に1つずつ黄色い花を開きます。花の周囲の舌状花はやや不揃いに並び、中央の筒状花が盛り上がります。葉の質が硬く、裏面に葉脈が浮き出るので、小川のほとりなどに生育するよく似たオグルマと区別できます。名の由来は不明ですが、花を火箭（火をつけた矢）に見立てたとの説もあります。

▲頭花は径3〜4㎝。枝先に1つずつ咲く ▼葉は長さ5〜8㎝。長楕円状披針形で、基部が茎を抱いて互生する

オグルマ

花を小さな車に見立てて名づけられたもの。葉は軟らかで葉脈が目立たない

▲長い地下茎を伸ばし、日当たりのよい湿地に群生する

175

ミゾカクシ

―― 溝隠し ――

分枝した茎が地面を這い、節から根を出して広がります。狭い長楕円形の葉が互生し、葉腋から長い花柄を伸ばして淡紫色の花をひとつ上向きに開き、初夏から秋の頃まで咲きます。湿地や田の畦などに群生し、溝を覆うほど茂ることが名の由来です。また、田の畦に筵を敷いたように広がる様子から、アゼムシロの別名もあります。

花 期	6〜10月
花 色	紅紫色、白色
生育地	湿地：田の畦、水路わき
分 布	全国
別 名	アゼムシロ
分 類	キキョウ科 ミゾカクシ属 多年草
高 さ	10〜15cm

▼花径1cm。筒状の先が5裂し、裂片は下方に偏り2枚は横向き3枚が下向きにつく独特の花形

▼全体に無毛で、細い茎の節から発根して地面を覆って広がる

イヌゴマ

―― 犬胡麻 ――

湿り気のある草原などに生え、地下茎を伸ばして広がっていきます。直立する四角形の茎に短い下向きのとげがあるので、触るとざらざらします。対生する披針形の葉には葉面に深いしわがあり、縁に鋸歯があります。茎の先に花穂を出して淡紅色の唇形花を輪生状につけます。実の形がゴマに似ているのに、利用価値がないことが名の由来。

花 期	7〜8月
花 色	淡紅紫色
生育地	湿地：やぶ際、水路わき、河川敷
分 布	北海道〜九州
別 名	チョロギダマシ
分 類	シソ科 イヌゴマ属／多年草
高 さ	30〜80cm

▲とげのある茎は分枝せずに直立し、細い葉が対生する

▼花は節ごとに輪状に集まって咲く。花の長さ1.5cmほどで、3裂する下唇に赤色の斑点がある

アゼナ

花期	8〜10月
花色	淡紅紫色
生育地	湿地：水田、田の畦
分布	本州〜沖縄
分類	アゼナ科 アゼナ属 1年草
高さ	7〜15cm

畔菜

▶縁に鋸歯のない葉が対生し、葉腋の細い花柄の先に唇形花をひとつ開く

アメリカアゼナ

畑地の湿った場所にも生え、葉の縁に少し切れ込みがあり、4本の雄しべのうち2本に葯がない

全体に無毛で軟らかいです。四角張った茎は基部で分枝して直立するか、または斜めに立ち上がって、縁がなめらかな楕円形の葉が対生します。葉腋から葉より長い柄を出し、唇状の小さな花を1つずつつけます。田の畦道によく生えるのが名の由来です。よく似たアメリカアゼナは北アメリカ原産の帰化植物で、葉の縁に鋸歯があります。

アゼトウガラシ

花期	8〜10月
花色	淡紅葉色
生育地	湿地：水田、田の畦
分布	本州〜九州
分類	アゼナ科 アゼナ属 1年草
高さ	8〜20cm

畔唐辛子

▶葉は長さ1〜3cmで茎に向かい合ってつき、縁に少数の鋸歯がある。花冠の長さ1cmで、基部の色は桃色に色づく

茎が基部から分枝して、直立するか斜めに立ち上がり、先がとがった披針形の葉が対生します。茎の上部の葉腋に1cmほどの柄を出して、淡いピンクを帯びた唇形花を1つずつ開きます。白花をつけるのをシロバナアゼトウガラシといいます。田の畦に生えていて、花後、トウガラシに似た細長い果実をつけることが名の由来です。

オオフサモ

大総藻

▲花は花弁のない円筒状で高さ2mmほど。雌しべのわきに白い毛が密生し、結実はしない

花期	5〜6月
花色	淡緑白色
生育地	湿地：水田、水路、沼池、河川の岸
分布	ほぼ全国（帰化植物）
分類	アリノトウグサ科 フサモ属 多年草
高さ	50〜100cm

南米ブラジルの原産で、大正時代に水草として観賞用に持ち込まれた帰化植物です。地下茎が水の中を長く伸び、円柱状の茎を水上に多数立ち上げます。葉は糸状に細かく裂け、茎の各節に数枚輪生します。雌雄異株で、日本には雌株のみが帰化しています。水上に出ている茎についた輪生葉の葉腋に花弁のない円筒状の小さな花が開きます。

▲水面を覆うほど繁殖する。外来生物法で特定外来生物に指定され栽培や販売は禁止されている

オオチドメ

大血止

花は光沢がある葉腋から出る長い柄の先に球状に集まってつく

花期	6〜9月
花色	黄緑白色
生育地	湿地：丘陵地や山地の草原、田の畦
分布	北海道〜九州
別名	ヤマチドメ
分類	ウコギ科 チドメグサ属 多年草
高さ	地を這う

茎は長く地面を這い、先端や枝が立ち上がり、切れ込みが浅い腎円形の葉が互生します。花は、葉柄よりも長い柄の先につくので葉の上に出て咲きます。葉を止血に利用したチドメグサ（➡P117）に似て、それより大形なのでこの名があります。オオチドメによく似たノチドメは、花柄が短く、花が葉の下で咲くので区別できます。

ノチドメ

花序が常に葉より下にある

カワラサイコ

河原柴胡

花期	6〜8月
花色	黄色
生育地	湿地：河原、砂礫地、海岸の砂地
分布	本州〜九州
分類	バラ科 キジムシロ属 多年草
高さ	30〜60cm

ヒロハノカワラサイコ

小葉の裂片の幅が広い

茎に長い毛があり、茎の先に径1〜1.5cmの黄色い花を次々と開く

長い毛が密生した茎は根元で分枝して四方に広がり、上の方は斜めに立ち上がります。羽状に裂けた葉が互生し、茎の先に黄色の5弁花を多数咲かせます。河原に生えていて、太い根茎が根を薬用にするセリ科のミシマサイコに似ていることが名の由来です。北海道や本州の中北部にはヒロハノカワラサイコが自生しています。

オヘビイチゴ

雄蛇苺

花期	5〜6月
花色	黄色
生育地	湿地：田畑の畦、休耕田、林縁、水路、川辺
分布	本州〜九州
分類	バラ科 キジムシロ属 多年草
高さ	20〜40cm

▼果実は広卵形で約3mm。果床と種子が赤くならない

▲花は径8mmで、花茎の先の集散花序につく

茎は斜めになって地を這い、上部は起き上がります。根際から出る葉は長い柄の先に掌状に5枚の小葉がつきます。茎の先に黄色い5弁花が多数咲き、花後につく果実はイチゴのように赤くなりません。キジムシロ（➡P66）の仲間ですが、ヘビイチゴ（➡P31）に似ており、それよりも大形で毛が多いことから、名付けられました。

ミズキンバイ

水金梅

花期	7〜9月
花色	黄色
生育地	湿地：池、沼、水田
分布	北海道〜九州
分類	アカバナ科 チョウジタデ属 多年草
高さ	30〜70㎝

泥中の地下茎から茎が立ち上がり、つやのある長楕円形の葉腋に、1つずつ黄金色の花を開きます。花は日を受けて開き、午後には散る1日花です。以前は水面を覆うほど群生しましたが、埋め立てや除草剤などの影響で少なくなり、絶滅危惧種に指定されています。水中に生え、花がキンポウゲ科のキンバイソウに似ているのが名の由来です。

▲花は葉腋に1つ咲く。花弁は4〜5枚で花径2〜2.5㎝

▲葉は表面に光沢があり、長さ3〜7㎝で互生する

チョウジタデ

丁子蓼

花期	8〜10月
花色	黄色
生育地	湿地：水田、田の畦
分布	北海道〜九州
別名	タゴボウ
分類	アカバナ科 チョウジタデ属 1年草
高さ	30〜70㎝

紅紫色を帯びた角ばった茎が直立するか、斜めに立ち上がり、縁に鋸歯がなく軟らかな細長い卵形の葉が互生します。葉腋に柄のない黄色の小さな花が咲きます。長い子房をもった花がフトモモ科の木本のチョウジに似て、全体の姿がタデに似ていることが名の由来です。引き抜くとゴボウのような根があることからタゴボウの別名もあります。

▲花は4弁花で花径6〜8㎜。花弁より長い萼があり、花の下の棒状のものは子房

▼先がとがった葉は表面の脈が目立つ。果実は角ばった棒状で少し湾曲する

アカバナ

―― 赤花 ――

花期	7〜9月
花色	淡紅紫色
生育地	湿地：水田、田の畦
分布	北海道〜九州
分類	アカバナ科 アカバナ属 多年草
高さ	30〜70㎝

▼山野の水辺や水田に生え、花の咲く頃から下部の茎や葉が色づく

▲花径5〜8㎜。花弁の先は浅く2つに裂けている。葉は縁に粗い鋸歯があり、上部のものはと小さくなる

丸い茎が直立して上部でよく分枝し、先がとがった細長い卵形の葉が下部では茎を抱いて対生し、上部では互生します。茎の上部の葉腋に4弁花を開きます。花の下の花柄のように見える棒状のものは細長い子房で、これが花後に果実になります。名は、花が赤いからではなく、秋に茎や葉が赤く色づくことが名の由来だといわれています。

コウホネ

―― 河骨 ――

花期	6〜9月
花色	黄色
生育地	湿地：池や沼、小川
分布	北海道(西南部)〜九州
分類	スイレン科 コウホネ属 多年草
高さ	水深によって異なる

▼水面から出る葉は長い柄を持つ長卵形で、厚くつやがあり長さ20〜30㎝

▲花はお椀形で花径4〜5㎝、花弁状の萼は花後に緑色を帯びる

艶のある葉が水面上に立ち、水面から突き出た花茎の先に、黄色い花が上向きにひとつ開きます。花弁のように見えるのは萼で5枚あり、中に雄しべを囲んで、小さな花弁がたくさんあります。名は川底を這うワサビ状の白い根茎を白骨に見立てて、この名がついたといわれています。乾燥させた根茎を川骨といって漢方で薬用にします。

ヒシ

菱

長い葉柄をもつ三角状菱形の葉が茎の先に集まり、水面に浮かんで四方に広がります。葉の間から細長い柄を出して水面に白い4弁の花を開き、花後、鋭くとがったとげのある果実が水中で結実します。この果実が押しつぶしたようなひしげた形をしているのが、名の由来といわれています。似たものにメビシ、オニビシがあります。

花 期	7〜10月
花 色	白色、淡紅色
生育地	湿地：沼、池
分 布	北海道〜九州
分 類	ミソハギ科 ヒシ属 1年草
高 さ	水深によって異なる

▲花径1cmで水上で咲く。葉柄の一部が袋状になって浮き袋の役目をする

◀万葉集にも詠まれ、菱形はこの葉の形をいう

メビシ

本州だけに分布し、葉柄の中央部が太く赤みを帯びる

ミソハギ

{ 禊萩 }

花 期	7〜8月
花 色	紅紫色
生育地	湿地：山野の湿地
分 布	北海道〜九州
分 類	ミソハギ科 ミソハギ属 多年草
高 さ	50〜100cm

全体に無毛です。直立する四角張った茎は上部で分枝し、広披針形の葉が対生します。葉の基部は茎を抱きません。花は葉腋に3〜5個かたまって穂状につきます。名は、お盆の頃に咲き、仏壇や墓に供えるので禊萩とよばれたものが詰まったものだそうです。よく似たエゾミソハギは全体に短毛が多く、葉の基部が茎を抱きます。

エゾミソハギ

全体に大きく花つきがよい。萼片の突起は上を向いて直立する

▲花径7〜9mm。つぼみを包む萼片の突起は横向きに開く

▶細くて小形の葉は茎を抱かず、十字対生する

▲日当たりのよい湿地や小川のほとりなどに群生するほか、庭にも植えられる

ハンゲショウ

半夏生、半化粧

上部の白く変色した葉腋から淡黄色の花穂が垂れます。つ
ぼみのときは首が垂れていますが、開花するときは立ち上
がります。小さな花は花弁も萼片もありません。名は、夏
至から11日目に当たる日のことを半夏生といい、このこ
ろに花が咲くから、また、葉の半分が白くなることから半
化粧の意ともいわれ、片白草の別名もあります。

花 期	6〜8月
花 色	白色
生育地	湿地：水辺、沼沢地
分 布	本州〜沖縄
別 名	カタシログサ
分 類	ドクダミ科 ハンゲショウ属 多年草
高 さ	60〜100cm

▲小さな花が穂状につき、花穂は花が咲き進
むと起き上がる

▲水辺や低湿地に生え、根茎が泥の中を横
に這って群生する

◀水辺に生えるほか栽培もされる。
花穂が出ないと葉は白くならない

ミゾソバ

溝蕎麦

花期	7～10月
花色	紅色、白色
生育地	湿地：田の畦、休耕田、水辺、溝
分布	北海道～九州
別名	ウシノヒタイ
分類	タデ科 イヌタデ属 1年草
高さ	30～80cm

枝や葉に下向きの短いとげが生えて、触れるとざらざらします。茎の下部は地面を這い、上部が直立して卵状鉾形の葉が互生します。枝の先に小さな花が10個くらいずつ金平糖のように集まって咲きます。名は、溝に生えるソバに似た草の意味です。葉が牛の顔を正面から見た形に似ているので、ウシノヒタイの別名もあります。

▲花色が白色や白緑色のものもある

▲茎の下部が地を這い、節から根を出し溝に沿って群生する

▲花は花弁がなく、白色で先の方が淡紅色の5枚の萼片が花弁状になっている

キショウブ

黄菖蒲

２～３回分枝する花茎の先に鮮黄色の花を開きます。卵形の外花被片は垂れ下がり、基部に褐色の網目模様があり、細く小さな内花被片は直立します。葉の中央脈は隆起してよく目立ちます。本種とハナショウブの交配から、黄花のハナショウブがつくられました。

花 期	5～6月
花 色	黄色
生育地	湿地：池や小川の岸、溝
分 布	全国（帰化植物）
分 類	アヤメ科 アヤメ属 多年草
高 さ	60～100cm

丈夫で繁殖力が強く、野生状態で水辺や湿地に群生しているのがみられる。広卵形の大きな外花被片の基部に目立たない褐色の模様がある

ノハナショウブ

野花菖蒲

▲花径７～８cm。６枚の花弁のうち内花被片３枚は小形のへら形で直立する

葉は中央の脈が隆起して目立ち、直立しますが、花より上には出ません。花は赤みを帯びた紫色で、花茎の先の苞葉のわきに１つ開きます。下に垂れた３枚の外花被片の基部中央に黄色の斑紋があります。観賞用のハナショウブは、本種から改良された園芸品種です。

花 期	6～7月
花 色	赤紫色
生育地	湿地：湿原、湿った草原、沼池
分 布	北海道～九州
分 類	アヤメ科 アヤメ属 多年草
高 さ	50～80cm

豆知識 **外花被片と内花被片でつくられる花**

アヤメの仲間の花はいずれも大形で、外花被片と内花被片は形が異なり、特異な形をしています。３枚の外花被片は大形で垂れ下がり、３枚の内花被片は小形で直立します。また、雌しべの上部が３つに分かれて花弁状になるので、花弁が９枚あるように見えます。

ヒオウギアヤメ

〔檜扇綾目、檜扇菖蒲〕

花期	5月
花色	青紫色
生育地	湿地：水辺
分布	本州中北部、北海道
分類	アヤメ科 アヤメ属 多年草
高さ	30〜70cm

花茎が2〜3回分枝して花をつけます。外花被片に網目模様がありますが、内花被片は小さくて目立たず、3枚の花弁しかないように見えます。

内花被片が直立しないので、中心部分が平らで区別しやすい

カキツバタ

◎◎◎ 湿地 夏

〔杜若、燕子花〕

花期	5〜6月
花色	青紫色
生育地	湿地：水辺
分布	北海道〜九州
分類	アヤメ科 アヤメ属 多年草
高さ	50〜80cm

下に垂れる外花被片の基部中央に白または淡黄色のすじがあり、内花被片は直立します。葉の幅が広く、中央脈は目立たず、葉先が花の上に出ます。

アヤメの仲間の中では最も水湿地を好み、万葉集や伊勢物語にも登場する

▲葉の葉脈が平らで目立たない（アヤメなど）

太い脈が隆起してよく目立つ

中央脈

▶葉は中央の太い葉脈が盛り上がってよく目立つ（ノハナショウブなど）

▲花は大きなボート形の2枚の苞葉に抱かれてつき、開花すると1日でしおれる

ガマ

蒲

長い茎の上部に円柱形（えんちゅうけい）の花穂（かすい）をつけます。ソーセージのような部分は雌花（めばな）が集まった雌花穂（しかすい）で、その上に突き出ているのが雄花穂（ゆうかすい）です。雌花穂は果実になると赤褐色に変わり、熟すと長い毛をつけた種子を風で飛ばします。線形（せんけい）の葉は無毛で厚く基部（きぶ）は鞘状（さやじょう）に茎を抱きます。全体に小形のコガマ、花穂がほっそりして長いヒメガマもあります。

花期	6～8月
花色	黄褐色、緑褐色
生育地	湿地：沼、池、川のふち
分布	北海道～九州
分類	ガマ科 ガマ属
高さ	1.5～2m

上部に雄花、その下に雌花が密生してつく

▶上部に黄色の雄花、その下に隙間をあけずに緑褐色の雌花が密生して穂状につく

コガマ

雌花穂は長さ7～10cmと短く、葉の幅も細い

▲円柱形の雌花穂は長さ10～20cm。緑褐色から赤褐色に変わる

ヒメガマ

雄花

雌花

雄花穂と雌花穂の間に花のつかない軸だけの隙間があるので、ほかのガマと区別がつく

ジュズダマ

──── 数珠玉 ────

花期	7〜11月
花色	黄緑色
生育地	湿地：田の畦、川岸、道ばた
分布	本州（関東以西）〜沖縄
分類	イネ科 ジュズダマ属 多年草
高さ	80〜100㎝

熱帯アジア原産ですが、古い時代に水辺などに野生化しました。太い茎の上部の葉腋から伸びた柄に花がかたまってつきます。ふつう「実」と呼んでいる壺形の硬い殻は、葉鞘の変化したもので苞鞘と呼ばれています。本当の実はその中に入っています。熟すと緑色から黒色、さらに灰白色に変化し、光沢のある硬い玉になります。

▲雄花の小穂は苞鞘の上から垂れ下がる長い柄につく

▲雌花は壺状の玉に包まれ、花柱は2分して苞鞘の上から外に長く突き出る

▲道ばたなどに生える大型の多年草で、太さ1㎝もある茎が立ち上がって大きな株をつくる

ネコノシタ

猫の舌

茎はよく分枝して砂の上を這い、先のほうは斜めに立ち上がります。枝の先に舌状花も筒状花も黄色い花がひとつ上を向いて咲きます。長楕円形の葉に短い毛がたくさんついて、ネコの舌のようにざらつくのが名の由来です。浜に生え、花を上から見ると「車」のように見えるところからハマグルマともいいます。

花期	7〜10月
花色	黄色
生育地	海岸：海岸の砂地
分布	本州（関東・北陸地方以西）〜沖縄
別名	ハマグルマ
分類	キク科 ハマグルマ属 多年草
高さ	60cm

▲砂の上を長く這う茎葉は強い潮風や乾燥に耐え、海岸に適応できる

▲花径2cm前後で、1〜4cmほどの花柄の先に1つ咲く

▲地を這う茎は節から根を出して、砂地や海岸の岩を覆うように四方に広がる

ハマアザミ

―[浜薊]―

花 期	7～11月
花 色	紅紫色
生育地	海岸：海岸の砂地
分 布	伊豆諸島、伊豆半島～九州
別 名	ハマゴボウ
分 類	キク科 アザミ属 多年草
高 さ	15～60cm

海岸 夏

厚く光沢のある濃緑色の葉をつけるのは、海岸の厳しい環境に育つ植物に共通した特徴です。下から分枝する枝の先に頭花を1つ上向きにつけます。花の下に数枚の苞葉があります。アザミの仲間で、浜辺に生えるのが名の由来です。ゴボウのような根をみそ漬けなどにして食べることから、ハマゴボウの名もあります。

▲根生葉は羽状に深く裂け、裂片の縁に鋭いとげがある。花時も根生葉は残る。海岸に生えるアザミで、海風にも耐えられるよう草丈は50cm内外で低い

▲花径6～7cmで、枝先に直立して1つつく。花の下に苞葉があるのが特徴。

◀茎の下部は倒れて上部が立ち上がり、分枝して花をつける

ハマベンケイソウ

浜弁慶草

花期	7～8月
花色	青紫色
生育地	海岸：海岸の砂地、岩場
分布	北海道、本州 （日本海側・三陸）
分類	ムラサキ科 ハマベンケイソウ属 多年草
高さ	地を這う

▲花径8～12mm。つぼみのときは紅紫色、開くと青紫色でぶら下がるように咲く。花冠も萼も5裂する

茎はよく分枝して地を這い、長さが1mくらいになり、倒卵形、または広卵形の葉が互生します。下部の葉は長い柄があります。茎も葉も青白色でよく目立ちます。枝先に青紫色の鐘状の花が長い柄についてやや下向きに咲きます。全体に多肉質で、葉の形もベンケイソウ科のベンケイソウに似て、海岸に自生しているのが名の由来です。

▲全体に多肉質で毛がなく粉緑色。茎が倒れてよく分枝し大きな株をつくる

スナビキソウ

砂引草

花期	5～8月
花色	白色
生育地	海岸：海岸の砂浜
分布	北海道～九州
別名	ハマムラサキ
分類	ムラサキ科 キダチルリソウ属 多年草
高さ	20～40cm

全体に灰色の軟毛が生えています。地下の根茎から根元で枝分かれする茎が斜めに立ち上がり、やや多肉で柄のないへら形の葉が密に互生します。茎の先に短い花穂を出し、白色で短い柄をもつ花を多数つけます。花は筒形で先が5裂して平らに開きます。砂の中を長い地下茎を引っぱるように伸ばして繁殖することが名の由来です。

花冠は直径約8mm。白い花の中心部が黄色で、甘い香りがある

ハマオモト 毒草

浜万年青

花 期	7〜9月
花 色	白色
生育地	海岸：海岸の砂地
分 布	本州（関東以西）〜沖縄
別 名	ハマユウ
分 類	ヒガンバナ科 ハマオモト属 多年草
高 さ	（花茎）40〜80㎝

暖地の海辺に自生し、別名をハマユウといい万葉集にも登場します。葉は帯状で基部は重なって円柱形の鱗茎を包んでいます。葉の間から立ち上がった太い花茎の先に、細長い線形に裂けた芳香のある白い花を十数個傘状につけ、遠くからでもよく目立ちます。常緑で光沢のある葉の形がオモトに似ているのが名の由来です。

▲果実は球形で直径2〜2.5㎝。果実が熟すと花茎が倒れる

▲花被片は線形で6枚あり、長さ7〜8.5㎝で、強く反り返る

▲革質で光沢のある葉は長さ30〜40㎝。香りのよい花を咲かせる

アシタバ

明日葉

直立する太い茎は上部でよく分枝し、羽状複葉（うじょうふくよう）の大きな葉が互生（ごせい）し、茎の先に淡黄色の小さな花を傘状（さんじょう）に咲かせます。茎や葉の切り口から黄色い汁が出るのが特徴です。野菜として栽培もされます。生育力が旺盛で「今日葉をとっても明日また新しい葉が出る」が名の由来。よく似たハマウドは花が白く、茎を切るとアシタバより白っぽい汁が出ます。

花期	5〜10月
花色	淡黄色
生育地	海岸；海岸の岩場、草原
分布	房総〜紀伊半島、伊豆諸島、小笠原
分類	セリ科 シシウド属 多年草
高さ	50〜120cm

枝先にパラソルを広げたように多数の花をつける。花弁は5枚ある

▲葉は無毛で質が厚く軟らかで光沢がある。根生葉や下部の葉は長い柄がある

ハマウド

ハマウドは茎に紫色の縦縞があり、花期は4〜6月で、食用にならない

ハマボウフウ

浜防風

花期	6〜7月
花色	白色
生育地	海岸：海岸の砂地
分布	全国
別名	ヤオヤボウフウ
分類	セリ科 ハマボウフウ属 多年草
高さ	5〜30cm

太い根が砂の中に深く伸び、肉厚で光沢のある葉を広げます。花茎や花柄は白い毛に覆われ、夏に小さな白い花が多数集まって咲きます。中国産で、風邪を防ぐために薬用にされる防風の代用品にされ、海岸に自生することが名の由来です。よく似て属が異なるボタンボウフウは、草丈が高くハマボウフウの花序（かじょ）よりやや小さめの傘状（かさじょう）になります。

▲大きな花序に小さな花が傘状に多数咲く。5枚の花弁は先が内側に曲がり、雄しべが突き出る

ボタンボウフウ

ボタンに似た葉が緑白色

▲若芽や若葉は刺身のつまなどの高級食材で栽培もされ、ヤオヤボウフウとも呼ばれる

▶葉は2回3出複葉で小葉は3裂する。根生葉は長い柄があり、柄の上部が赤みを帯びる

シナガワハギ

品川萩

花期	5〜10月
花色	淡黄色
生育地	海岸 川岸、道ばた、荒地
分布	全国（帰化植物）
別名	エビラハギ
分類	マメ科 シナガワハギ属 越年草
高さ	50〜90cm

東アジア原産で江戸時代後期に渡来し、全国に帰化しています。全体にほとんど無毛です。よく分枝して直立する茎に、3枚の小葉をもつ複葉が互生します。葉腋に細い柄を出し、黄色の蝶形花を穂状に咲かせます。ハギに似て、東京の品川で最初に発見されたのが名の由来です。よく似た仲間に白い花をつけるシロバナシナガワハギがあります。

▲3枚の小葉は長楕円形で縁に鋸歯がある

シロバナシナガワハギ

シナガワハギより長い花序に白い蝶形花をつける

◀葉にクマリンを含むので、乾燥させると桜餅の匂いがし、メリロットの名でハーブとしても利用される

センダイハギ

先代萩

すらりと伸びた茎の先に、蝶形花が房状に並んでつき、下から上に咲いていきます。葉は3枚の小葉が掌状につく複葉で、葉柄の基部に大きな托葉が1対あります。北方に咲くハギに似た花ということから、仙台藩の伊達騒動を題材にした歌舞伎の「伽羅先代萩」にちなんで名づけられました。観賞用に庭にも植えられています。

花 期	5〜8月
花 色	黄色
生育地	海岸：海岸の砂地
分 布	北海道、本州(中部以北)
分 類	マメ科 センダイハギ属 多年草
高 さ	40〜80㎝

▲太い地下茎をもち、群生して初夏〜夏に北国の海岸を黄色に彩る

ムラサキセンダイハギ
よく似ているが別属で、庭に植えられる

▲花は長さ2.5㎝内外で、互生してつき、花の姿はハギよりルピナスに似ている。小葉は長さ3.5〜7㎝の倒卵形で縁に鋸歯はない。裏面に白い毛がある

ハマナタマメ

浜鉈豆

つる性の植物で、茎が5m以上砂浜を這って群落をつくります。光沢のある葉腋に花序を出して蝶形花を咲かせます。大きな実には種子が2〜5個入っています。種子は海水に浮いて、海流によって運ばれてふえます。名は、海岸に生えるナタマメの意味です。ナタマメは若い莢を食用にする栽培種で、本種はナタマメによく似ています。

花期	6〜9月
花色	淡紅紫色
生育地	海岸：海岸の砂地
分布	本州（関東地方以西）〜沖縄
分類	マメ科 ナタマメ属 多年草
高さ	つる性

▲豆果は長さ5〜10㎝。黄褐色の種子が2〜5つ入っている

▲花穂が垂れるので、蝶形の花が上下逆になって咲くことが多い。花の長さ2.5〜3㎝

ハマハコベ

浜繁縷

砂中に長く伸びる地下茎から茎が群がって出て、細かく分枝して砂の上を這い、枝は垂直に立ち上がります。柄がない長楕円形の多肉質の葉が対生し、葉腋に葉よりも短い花柄を出して白い小さな5弁花をつけます。名は、海岸に生えるハコベという意味ですが、ハコベの仲間ではなく、北国の浜辺だけで見られる多肉質の海浜植物です。

花期	6〜9月
花色	白色
生育地	海岸：海岸の砂地
分布	北海道、本州北部
分類	ナデシコ科 ハマハコベ属 多年草
高さ	20〜30㎝

▼主に北国の海岸で見られ、細い茎が横に這って岩石を覆う

▲葉は淡緑色で長さ1〜4㎝、萼片とほぼ同じ長さの花弁が5枚あり、雄しべは10本

スカシユリ

━━━ 透し百合 ━━━

花期	6～8月
花色	橙赤色
生育地	海岸・海岸の岩場、崖
分布	本州中部以北
別名	イワトユリ
分類	ユリ科 ユリ属 多年草
高さ	20～60cm

直立する茎に披針形の葉が互生し、上部に漏斗形の花が1～3個上向きに咲きます。名の「透かし」は花びらの基部が細くなって隙間ができ、向こう側が透けて見えることをいいます。花を上から見ると6枚の花被片の間に隙間があり、これが名の由来になっています。北海道に分布するエゾスカシユリは、大型で高さ90cmになります。

▲花径13～14cm。花被片に赤褐色の斑点がある。花被片の間に隙間があるので雨水が溜まらない

エゾスカシユリ

北海道の海岸近くに自生し、群落をつくることで有名。スカシユリ同様、大きな花が真上を向いて咲き、花被片の間に隙間がある

▲草丈は低い。岩場や砂地に生えることから岩戸百合とも呼ばれている

199

キリンソウ

麒麟草

多数の茎が群がって生え、下部は地面を這い、上部が斜めに立ち上がり、多肉質の大きな葉が互生します。枝を分けた茎の先に黄色の小さな花がたくさん咲きます。5枚の花弁は先がするどくとがり、星形に開きます。名の由来は不明ですが、茎の先に黄色い花が輪のように重なり合って咲くので、「黄輪草」ではないかという説があります。

花 期	6～8月
花 色	黄色
生育地	海岸：崖、山地、林縁
分 布	北海道～九州
別 名	タマノオ
分 類	ベンケイソウ科 キリンソウ属 多年草
高 さ	10～30cm

▲花径1.5～2cmで、中央から咲き始める。5枚の花弁が離れて星形に開く

▲肉厚の葉は倒卵形で長さ2～5cm。上半分の縁に鋸歯がある

◀群落をつくって、初夏に一面に黄色い小花が咲く

グンバイヒルガオ

〔軍配昼顔〕

花期	4～8月
花色	紅紫色
生育地	海岸：海岸の砂地
分布	四国、九州、沖縄
分類	ヒルガオ科 サツマイモ属 多年草
高さ	地面を這う

▼サツマイモの仲間の海岸植物で、茎が分枝し、縦横に這って繁茂する

▲葉は腎心形で左右から2つに折れ、花は花冠の縁が5角形のようになる

茎は長く地を這い、葉腋に葉より長い花柄を出して、漏斗状の花を1～3個開きます。種子が海流に乗って運ばれ、関東あたりでも発芽しますが、暖地性の植物で冬を越せないため繁殖にはいたらないようです。光沢のある厚い葉の先がへこんでいます。それが行司の軍配うちわに似て、ヒルガオのような花をつけるので、この名があります。

ハマヒルガオ

〔浜昼顔〕

花期	5～6月
花色	淡紅色
生育地	海岸：海岸の砂浜
分布	全国
別名	アオイカズラ
分類	ヒルガオ科 ヒルガオ属 多年草
高さ	地面を這う

▶花径4～5cm。昼顔に似た花で日中に咲く
▼葉は質が厚く光沢があり、塩害から守られている

乾燥する厳しい条件の場所に生えるので、根を砂の中に深く張り巡らせ、茎は長く砂の上を這います。葉がつやつやして厚いのも、葉の水分の蒸発を防ぎ、塩分から守るためです。葉腋から伸びた柄に漏斗形の花を1つ開きます。花筒の底が黄色味を帯び、白い線が入ります。名は、浜辺に生えるヒルガオに似た花をつけるという意味です。

イヨカズラ

―― 伊予葛 ――

茎は何本も立ち上がって直立しますが、上の方はつる状に伸びます。楕円形の葉は短い柄があり、対生します。淡黄色の小さな花は花径約8mmで、上部の葉腋から出た柄の先に集まってきます。花の先が5裂して平らに開き、裂片は斜めに反り返り、花の中心に副花冠があります。花が終わると袋果と呼ばれる紡錘形の果実をつけます。

花 期	5〜7月
花 色	淡黄白色
生育地	海岸：海岸から沿海地の草地、岩場
分 布	本州〜九州
別 名	スズメノオゴケ
分 類	キョウチクトウ科 カモメヅル属 多年草
高 さ	30〜80cm

▲葉は長さ3〜10cm。質が厚く光沢があり、縁はギザギザがない

▼海岸近くの草地などに生える。直立する茎の先がつるのように長く伸びる

ケカモノハシ

―― 毛鴨の嘴 ――

茎の下部は砂の中を横に這い、節から硬い根を出し、上部は立ち上がって分枝します。葉や茎の節に白い毛が密生しています。茎の先に2つの太い枝からなる穂状の花序をつけますが、密着しているため1つの穂のように見えます。全体に毛が多く、2つの枝が合わさった花穂をカモの嘴に見立てたのが名の由来です。

花 期	7〜9月
花 色	黄褐色
生育地	海岸：海浜の砂地
分 布	全国
別 名	ヒザオリシバ
分 類	イネ科 カモノハシ属 多年草
高 さ	50〜80cm

▼葉は長さ20cm内外で厚く、葉鞘とともに毛が密生する。茎の節にも毛がある

▼海岸の砂地に茎を長く這わせ、屈曲した基部から茎が立ち上がって群生する

秋の草花と雑草

立秋の頃はまだまだ暑いとはいえ、河原のススキが秋風になびく頃は、草花は露を帯びてしっとりと風情を帯びてきます。キンモクセイの香りが漂う頃になると、野原は草紅葉に染まります。霜が降りる頃は、こぼれたタネから芽生えた幼い苗も見られます。

ヨメナ

嫁菜

古名をウハギといい、万葉集に春に摘む草として登場します。若葉は特有の香りがあり昔から食用にされてきました。横に伸びる丈夫な地下茎でふえて大株になります。上部で分枝した枝先に淡紫色の頭花を1つずつ開きます。長楕円形の葉が厚いのに対して、関東以北には葉が薄いカントウヨメナがあり、同じように食用になります。

花期	7～10月
花色	青紫色
生育地	人里 湿った道ばた、田の畦
分布	本州（中部地方以西） ～九州
分類	キク科 シオン属 多年草
高さ	50～120cm

頭花は花径3cm。紫色の舌状花と黄色の筒状花からなり、分枝した茎の先につく

カントウヨメナ

関東以北の田の畦など、やや湿ったところに群生する

▲葉の質はやや厚く、縁に粗い鋸歯と短毛がある

ユウガギク

人里 秋

花期	7～10月
花色	白色、淡青紫色
生育地	人里 道ばた、土手、草原
分布	本州（近畿地方以北）
分類	キク科 シオン属 多年草
高さ	40～150cm

柚香菊

硬い茎が直立してよく分枝し、長楕円形の葉が羽状に裂けて互生します。頭花の舌状花は白色で、やや淡紫色を帯びます。ヨメナ（➡P204）に似ていますが、ヨメナより花が小さく、葉の切れ込みが多くギザギザが目立ちます。名はユズの香りがする菊の意味。実際にはほとんど香りはありませんが、花をつぶすと、かすかにユズの香りがします。

▲葉は質が薄く、ふつう3～4対の切れ込みがあり、切れ込みも深い

▼果実は痩果で、冠毛は肉眼では見えない

▲近畿以北の本州に分布。よく分枝して小枝の先に頭花を1つずつつけるので、花数が多い

205

リュウノウギク

── 竜脳菊 ──

日本固有種。細い茎が垂れ下がるように生え、全体にほっそりした感じがします。枝の先に小ギクのような頭花を1つずつつけます。白い花は秋が深まると淡紅色を帯びてきます。葉は卵形でふつう浅く3裂し、葉の裏には灰白色の毛が密生します。茎や葉を軽くもむとツーンと強い香りがします。この香りが竜脳に似ているのが名の由来。

花 期	10〜11月
花 色	白色
生育地	人里：道ばた、草地、林縁
分 布	本州（福島県以西）、四国、宮崎県
分 類	キク科 キク属 多年草
高 さ	30〜80cm

▲直立する茎が細く、まばらに分枝するので枝は少なく姿はほっそりしている

▼葉は質が厚く3裂して裂片に粗い鋸歯があり、互生する。両面とも毛があり、裏面は灰白色の毛が密生する

❗ 頭花は白色の舌状花と黄色の筒状花からなる

舌状花

筒状花

花径2.5〜5cm、枝先に1つずつ上向きに開く

キクイモ

菊芋

花期	9〜10月
花色	黄色
生育地	人里：道ばた、空き地、荒地、河川敷
分布	ほぼ全国（帰化植物）
分類	キク科 ヒマワリ属 多年草
高さ	1.5〜3m

北アメリカ原産の帰化植物。幕末のころ渡来し、塊茎を家畜の餌や食用にするために栽培されたものが野生化しています。全体に剛毛があってざらつきます。長楕円形の葉は茎の下部では対生し、上部では互生します。茎は上部で枝を分け、枝先に大きな頭花を1つずつ開きます。よく似てキクイモより花が早く咲くイヌキクイモもあります。

▲頭花は多数の舌状花と筒状花からなり、花径6〜8cmと大きい

▲根の先にイモができ、漬物や天ぷら、煮物などにできる（右）。左のイヌキクイモはイモが小さく食用にならない

イヌキクイモ
キクイモと地上部での区別は困難だが、イヌキクイモは7〜8月に開花する

▲道ばたや空き地、河川敷など荒れた土地に生え、ヒマワリを小さくしたような花が群がって咲く

ハキダメギク

掃溜菊

▲頭花は花径5mmと小さい。外側の5枚の舌状花は白色で先が3裂する

大正時代に渡来した熱帯アメリカ原産の帰化植物です。全体に毛が多く、暖地ではほぼ1年中花が見られます。茎は二又状に分枝を繰り返しながら伸び、卵形の葉が対生し、上部の枝先に小さな頭花をつけます。名の「掃き溜め」はゴミ捨て場のことです。東京都世田谷区のゴミ捨て場の近くで最初に見つかったので、この名があります。

花 期	5～12月
花 色	白色
生育地	人里 道ばた、空き地、畑
分 布	ほぼ全国（帰化植物）
分 類	キク科 コゴメギク属 1年草
高 さ	10～60cm

▲卵形の葉は縁にまばらに鋸歯があり、3本の脈が目立ち対生する

トキンソウ

吐金草

▲頭花は筒状花だけで、中心部は両性花、その周りを雌花が囲む

茎は分枝しながら所々から根を出して地表を這い、長さ10cm前後ですが、畑などに群生して大きく広がります。葉は小形のさじ形で互生し、葉腋に小さな丸い頭花をつけます。花は筒状花のみで目立ちません。名は「金を吐き出す草」という意味です。花が終わった頭花を指で押すと黄色の果実が出ることから名づけられたといわれています。

花 期	7～10月
花 色	緑色または褐色
生育地	人里：道ばた、庭、畑、田
分 布	全国
別 名	タネヒリグサ、ハナヒリグサ
分 類	キク科 トキンソウ属 1年草
高 さ	地面を這う

▼全体が黄緑色のごく小形の植物。葉は長さ1cmで先に少数の鋸歯がある

セイタカアワダチソウ

背高泡立草

花期	9〜10月
花色	黄色
生育地	人里：道ばた、空き地、荒地、河川敷
分布	ほぼ全国（帰化植物）
分類	キク科 アキノキリンソウ属 多年草
高さ	1.5〜3m

明治時代に日本に入り、戦後急速に広まった北アメリカ原産のたくましい帰化植物です。全体に短毛があってざらつきます。長い地下茎を伸ばしてふえ、群落をつくります。分枝せずに直立する茎の先に黄色の小さな花が円錐状に多数つきます。草丈が高く、花が終わると白いタネが泡のように盛り上がって見えるのが名の由来です。

▼茎の上部に多くの小枝を出し、枝に黄色の小花が密につき、全体で大きな円錐花序になる

◀果実期は穂全体が泡立つように見える

▼縦横に走る地下茎から毎年芽を出し、ロゼット状に葉を広げて越冬する

▲群落をつくるが、ふえすぎると、他の植物の生育を妨げるために出す特殊な化学物質で、自家中毒を起こして自身が衰えるため、最近は数が減っている

秋 人里

コセンダングサ

—— 小栴檀草 ——

花期	9〜11月
花色	黄色
生育地	人里 道ばた、荒地、河川敷
分布	本州中部以西（帰化植物）
分類	キク科 センダングサ属 1年草
高さ	50〜110cm

江戸時代に渡来した帰化植物ですが、原産地ははっきりしていません。舌状花がなく筒状花だけの黄色い頭花を、枝の先に1つずつつけます。実に3、4本のとげがあり、とげには逆向きの毛があって衣服などについて種子が運ばれます。同じようなところには、頭花に白色の舌状花が4〜7枚ある変種のシロノセンダングサも見られます。

▲世界の熱帯から温帯に広く分布し、日本でも荒地や河原に帰化している

▲黄色い頭花はふつう筒状花のみが集まっている

▼果実（痩果）は熟すと球状に丸くなる。先端に2〜3本のとげ状の突起があって衣服につきやすい

シロノセンダングサ

白い花弁のように見える舌状花がついているのが特徴

アメリカセンダングサ

花期	9〜10月
花色	黄色
生育地	人里：荒地、道ばた
分布	本州〜沖縄（帰化植物）
別名	セイタカタウコギ
分類	キク科 センダングサ属 1年草
高さ	50〜150㎝

―――――[アメリカ栴檀草]―――――

北アメリカ原産で、大正時代に渡来した帰化植物です。暗紫色を帯びた四角張った茎が直立し、羽状複葉の葉が対生します。大きく広げた枝先に黄色い頭花を1つずつつけます。葉のように見える総苞の外片は頭花より長く、花の外に張り出して四方に開くのが特徴です。果実（瘦果）の先に、冠毛が変化した2本の鋭いとげがあります。

▲葉は複葉で対生する。3〜8枚の小葉は先が細くとがって縁に鋭い鋸歯がある

▶赤みを帯びた茎の先に頭花をつける。頭花の周りに葉状の総苞片が6〜12枚ついて、放射状に突き出る

豆知識 動物の毛に "ひっついて" 繁殖するセンダングサ

センダングサは、葉の形が樹木のセンダンに似ていることからついた名です。センダングサは古い時代の帰化植物ですが、近年はコセンダングサなどに押しやられて少なくなっています。いずれも羽状の葉をつけ、多数のタネがボール状に集まり、引っつき虫（➡ P223）と呼ばれる種子が動物の毛などについて運ばれて勢力範囲を広げます。

コセンダングサ

黄色い筒状花だけが丸く集まった頭花をつける。頭花の外周に白い舌状花をつけるものをシロノセンダングサと呼ぶ

◀瘦果は2本、あるいは3〜4本のとげ状の角があり、角の部分に下向きに生えた剛毛がある

シロノセンダングサ

オオアレチノギク

—[大荒地野菊]—

大正時代に渡来した南アメリカ原産の帰化植物。人里の荒地でよく見かける大形の雑草で、全体に白い軟毛が密生して灰緑色をしています。直立する茎に線形の葉が互生しますが、葉腋から伸びる短枝にも小形の葉がつくため葉が込み合って見えます。たくさんの頭花が円錐花序につきます。草丈が低く、頭花の数が少ないアレチノギクもあります。

花 期	8〜10月
花 色	白色、中央黄色
生育地	人里：道ばた、荒地、休耕地、草地
分 布	全国（帰化植物）
分 類	キク科 イズハハコ属 越年草
高 さ	1〜2m

▲頭花はつぼみのように見える。白色の舌状花は総苞の中にあって外からは見えない

◀多数の頭花が枝先につき、花序は大きな円錐状になる

アレチノギク

真ん中の花序よりも、横から出る枝が高くなり、上方につく葉がよじれる特徴がある

ヒメムカシヨモギ

姫昔蓬

花 期	8〜10月
花 色	白色、中央黄色
生育地	人里 荒地、空き地、道ばた
分 布	ほぼ全国（帰化植物）
別 名	テツドウグサ
分 類	キク科 イズハハコ属 1〜越年草
高 さ	80〜180cm

北アメリカ原産の帰化植物で、明治のはじめに渡来し、鉄道に沿って広がっていったことからテツドウグサ、ゴイッシングサなどと呼ばれました。全体に明るい緑色をしています。直立する茎に粗い毛があり、線形の葉が密に互生し、茎の上部で枝分かれして大きな円錐花序をつくり、頭花を多数つけます。舌状花はほぼ1列に並び、平らに開きます。

▲頭花は花径約3mm。白い小さな舌状花は総苞から出て外からも見える

▲花序の部分だけ枝分かれして、花序全体が円錐形になる

◀根生葉はロゼット状になって越冬する

ヨモギ

蓬

花 期	9〜10月
花 色	淡褐色
生育地	人里：草地、野原、土手、道ばた
分 布	本州〜九州
別 名	モチグサ
分 類	キク科 ヨモギ属 多年草
高 さ	50〜120㎝

地下茎を長く伸ばして群生し、人里や山地で最もふつうに見られます。茎は群がって出て直立し、よく分枝して小さな頭花をつけます。羽状に深く裂けた葉は、表面は緑色、裏面には綿毛が密生して灰白色です。葉に特有の香りがあり、早春に若葉を摘んで草もちをつくります。また、葉裏の綿毛は灸に用いる艾に使われました。

▲葉は羽状に深裂し、縁に鋸歯があり互生する。葉裏は綿毛が密生して灰白色

▲早春、全面が白い綿毛に覆われている頃は香りがよく最もおいしい時期。草もちや草団子に入れられ、モチグサと呼ばれる

◀頭花は長楕円状鐘形で、舌状花がなく筒状花のみで直径約1.5㎜、長さ3㎜と小さい

ブタクサ

豚草

花期	7～10月
花色	黄色（雄花の葯の色）
生育地	人里 道ばた、荒地、河川敷
分布	ほぼ全国
分類	キク科 ブタクサ属 1年草
高さ	1～2.5m

明治初期に渡来した北アメリカ原産の帰化植物。羽状に細かく裂けた葉が茎の下部で対生し、上部で互生します。雌雄同株で、雄花は枝の先に長い穂状に多数つき、雌花は雄花のついている穂の下の葉腋に2～3個つきます。近縁のオオブタクサは大形で、掌状に裂けた葉が対生します。どちらも花粉症の原因になるので嫌われています。

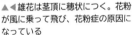
雄花

雌花

! 雌花は雄花のつく花序の下の葉腋につき目立たない

▲◀雄花は茎頂に穂状につく。花粉が風に乗って飛び、花粉症の原因になっている

オオブタクサ

高さが2m以上になる。掌状に3～7裂する葉がクワの葉に似ていることからクワモドキの別名がある

▲昭和になって急速に広まり、外来生物法で要注意種に指定されている

オナモミ

〔雄なもみ〕

アジア大陸原産で古い時代に渡来した帰化植物ですが、近年はオオオナモミに押しやられて減少。卵状三角形の大きな葉は両面に剛毛があり、触れるとざらつきます。頭花は雄花と雌花が別々につきます。雄花は枝先に筒状花が球状に集まってつき、雌花は葉腋につき、総苞に包まれています。これが花後、とげとげした実になります。

花期	8〜10月
花色	黄緑色
生育地	人里：道ばた、荒地
分布	全国
分類	キク科 オナモミ属 1年草
高さ	50〜150㎝

▲上部に雄性の頭花がつき、雌性の頭花は雄頭花の基部に集まってつく

▲高さ1m前後になり、全体にがっしりした印象を与えるところから、雌ナモミ（➡P217）に対して雄ナモミという

オオオナモミ

〔大雄なもみ〕

北アメリカ原産の帰化植物です。茎は紫色を帯びて分枝し、大きくて厚い葉に長い柄があって互生します。雄花と雌花はオナモミとほぼ同じですが、全体に大形で、果苞と呼ばれるとげのついた果実が大きく、枝についている数も多いので区別できます。また、イガオナモミは果苞のとげに毛が多いのが特徴です。

花期	8〜10月
花色	黄緑色
生育地	人里：道ばた、畑、荒地、空き地、河川敷、土手
分布	ほぼ全国（帰化植物）
分類	キク科／オナモミ属 1年草
高さ	50〜200㎝

果苞はオナモミより大きく長さ2〜2.5㎝、とげは密に生えて長い。子どもたちが衣服につけ合って遊ぶ

イガオナモミ

戦後に帰化したもの。果苞がより大きくて長さ2〜3㎝。果苞の面もとげも毛が多い

メナモミ

―― 雌なもみ ――

花期	9〜10月
花色	黄色
生育地	人里 道ばた、荒地、林縁
分布	北海道〜九州
分類	キク科 メナモミ属 1年草
高さ	60〜120cm

全体に白毛が密生しています。直立する茎に左右対称に枝を出し、卵状円形の葉が対生します。舌状花と筒状花からなる頭花が枝の先に集まってつき、5枚の総苞片が大きく開いて、頭花を飾るようについています。総苞片には粘液を出す腺毛が密生しているので、衣服や動物の毛について種子が散布されます。全体に小形のコメナモミもあります。

▲頭花は8枚内外の舌状花が外側に1列に並び、中心に多数の筒状花がある。頭花の下にへら状の総苞片がある

コメナモミ

茎は紫褐色を帯びほっそりして、茎にも葉にも毛が少ない

▼葉は卵円形または卵状三角形で、縁に鋸歯があり、3本の脈が目立ち、葉柄には翼がある

▲茎の上部には横向きの軟らかな長い毛が生え、左右に向かい合って枝が出る

イヌホオズキ 毒草

犬酸漿

▲茎の節と節の間から長さ1〜3cmの柄を出し、花をやや総状につける。花冠は5裂して反り返る

花期	8〜11月
花色	白色
生育地	人里：道ばた、畑、荒地
分布	全国
分類	ナス科 ナス属 1年草
高さ	20〜60cm

漢方にも使われますが有毒植物で、古い時代に帰化したといわれています。茎は斜めに立ち上がり、よく枝分かれして広がります。広卵形の葉が互生して、茎の途中の節間から花序を出し、数個の白い花が下を向いて咲きます。花後、緑色から熟すと黒くなる球形の果実をつけます。名は、ホオズキに似ているが役に立たないという意味です。

果軸

▲果実は丸い液果で、軸に柄が1本ずつずれながら並ぶようにつく

アメリカイヌホオズキ 毒草

あめりか犬酸漿

▲ほとんど無毛。細い茎に質の薄い葉が互生し、細い花軸が茎の途中から出て淡紫色や白色の花をつける

花期	8〜11月
花色	淡紫色または白色
生育地	人里：荒地、空き地、道ばた、畑、河原
分布	ほぼ全国（帰化植物）
分類	ナス科 ナス属 1年草
高さ	40〜80cm

北アメリカ原産の帰化植物で、1950年頃に渡来し、広い範囲に広がっているようです。細い茎が直立し、よく枝が分かれて横に広がります。幅の狭い長卵形の葉は質が薄く、縁に鋸歯のないものもあります。2〜5個の花が柄の先に散形につき、花冠が深く5裂して星形に開きます。球形の果実は緑色から光沢のある黒色に熟します。

果軸

▲イヌホウズキと違って、果実は果軸の先に一箇所にまとまって傘を開いたようにつく

センナリホオズキ

─ 千成酸漿 ─

花期	8〜10月
花色	淡黄色
生育地	人里：畑、空き地、道ばた
分布	北海道を除く全国 （帰化植物）
分類	ナス科 ホオズキ属 1年草
高さ	20〜30cm

▼淡黄色の花冠は長さ8mm
ほどの盃形で、底部が紫黒
色に染まる

熱帯アメリカ原産の帰化植物です。茎が上部でよく分枝して横に広がります。葉腋に花を1つずつつけ下向きに咲きます。次々に咲いてたくさんの果実をつけるのが名の由来です。果実を包む袋状の萼は熟しても緑色です。以前はホオズキ市で売られていましたが、果実が赤くなるホオズキのほうが人気があり、今では見なくなりました。

▲広卵形の葉腋に、やや五角形に角ばった緑色の萼に包まれた果実がつく

ネナシカズラ

─ 根無葛 ─

花期	8〜10月
花色	白色
生育地	人里：丘陵地、林縁、 野原、川原
分布	全国
分類	ヒルガオ科 ネナシカズラ属 1年草
高さ	つる性

▼花冠は釣り鐘形で長さ3.5
〜4mm、先が5裂して開く

葉緑素をもたない寄生植物で、ヨモギ、クズ、ススキ、イタドリなどさまざまな植物に寄生します。地上に芽を出したときは根がありますが、ほかの植物に巻きつくと根がなくなり、つる性の茎から寄生根を出して養分や水を吸収して生長します。葉は退化してこまかな鱗片状になり、小さな白い花が茎の途中に穂状にたくさんつきます。

▲茎は黄褐色でふつう紫褐色の斑点があり、直径2mmほどの針金状

ニシキソウ

錦草

▲茎の先や葉腋に特有の杯状花序を数個つけ、花時に茎が多少斜上する傾向がある。葉の表面に斑紋がない

花 期	7〜11月
花 色	淡紅紫色
生育地	人里：庭、畑、空き地
分 布	本州〜九州
分 類	トウダイグサ科 ニシキソウ属 1年草
高 さ	地面を這う

全体にまばらに軟毛が生え、切ると乳液が出ます。赤みを帯びた細い茎が根際から枝分かれして地面を這い、10〜30㎝の長さになり、長楕円形の葉が対生します。花はこの仲間特有の杯状花序で、小さなつぼ状の総苞の中に雄花と雌花が集まっています。葉の渋い緑と茎の赤いコントラストの美しさを錦に例えて名づけられました。

▲畑の雑草だったが近年は少なくなっている

コニシキソウ

小錦草

◀ニシキソウより多く見られ、一般に汚れた紅色をして葉の表面の中央部に暗紫色の斑紋がある

花 期	6〜9月
花 色	汚れた紅紫色
生育地	人里 畑、庭、道ばた、空き地
分 布	全国（帰化植物）
分 類	トウダイグサ科 ニシキソウ属 1年草
高 さ	地面を這う

北アメリカ原産の帰化植物です。全体に白い毛が多く、切ると乳液が出ます。茎は枝分かれを繰り返しながら地面を這って広がり、長さ10〜20㎝になります。ニシキソウに似ていますが、対生する葉の上面に暗紫色の斑紋があるので区別できます。茎が斜上して高く伸びるオオニシキソウも仲間ですが、葉が大きく、上面に斑紋がありません。

オオニシキソウ

北アメリカ原産の帰化植物。茎が立ち上がり高さ20〜40㎝になり、葉腋につく杯状花序の白い腺体の付属体が花弁のように見える

花期	7〜10月
花色	黄緑色
生育地	人里 庭、畑、道ばた、荒地
分布	本州〜沖縄
分類	ザクロソウ科 ザクロソウ属／1年草
高さ	10〜25cm

ザクロソウ

柘榴草

細い茎が根際（ねぎわ）からよく枝分かれして広がり、各節に葉が3〜5枚ずつ輪生（りんせい）するようにつきます。枝先に小さな花が集まってまばらな穂のように咲きますが、花は花弁がなく、5枚の花弁のように見えるのは萼片（がくへん）です。光沢のある葉が果樹のザクロを思わせるのが名の由来です。帰化植物のクルマバザクロソウは、葉腋（ようえき）に花が集まって咲きます。

茎は細く二又状に分枝しながら四方に広がる。葉の上面に1本の脈が目立つ

クルマバザクロソウ

熱帯アメリカ原産。葉は光沢がなく、節ごとに4〜7枚輪生し、葉腋に数個ずつ白緑色の花をつける

花期	8〜10月
花色	淡紅紫色、白色
生育地	人里：道ばた、野原、 田畑の畦、土手
分布	本州〜九州
分類	キツネノマゴ科 キツネノマゴ属 1年草
高さ	10〜40cm

キツネノマゴ

狐の孫

全体に白い毛が多く生えています。四角い茎が下部で倒れ、地面についた節から根を出し上部が斜上します。卵形（らんけい）の葉が対生（たいせい）し、茎の先や葉腋に穂状（すいじょう）に小さな花を開きます。花は唇形花（しんけいか）で、上唇（じょうしん）は浅く2裂し、下唇（かしん）は3裂し紅色の斑点があります。花穂を子ギツネの尻尾（しっぽ）に見立てたのが名の由来といわれていますが、語源は不明です。

▲花の下唇に昆虫に蜜のありかを示す白い模様があり、虫が花の中に入ると花粉がつくよう雄しべが上唇につく

▼野原や道ばたの日の当たる場所にふつうに見られる

ヌスビトハギ

盗人萩

直立する茎に、卵形の3枚の小葉がある複葉が互生します。葉腋から長い花序を伸ばして蝶形花をまばらにつけ、花後に中央でくびれた平たい豆果が実ります。名の由来に、この豆果の形が忍び足で歩いた盗人の足跡に似ているという説があります。よく似て、豆果が3〜5つにくびれるアレチヌスビトハギは北アメリカ原産の帰化植物です。

花期	7〜9月
花色	淡紅色
生育地	人里 日陰のやぶ、草地、林縁
分布	全国
分類	マメ科 ヌスビトハギ属 多年草
高さ	60〜120cm

▲茎の根元はやや木質化し、枝先に長さ30cmもの長い花序を出してまばらに花を咲かせる

◀花は蝶形花で長さ4mm、豆果は種子と種子の間がくびれてふつう2節になる

アレチヌスビトハギ

1940年に大阪で見つかった帰化植物。赤紫色の蝶形花は長さ7〜8mmでヌスビトハギより大きい

豆知識

より多くふえるためにタネをくっつける

根を張ったら動けない植物は、生えている場所にタネを落とすものもありますが、より多くふえるためには、タネを遠くへ運ばなければなりません。風に乗って移動したり、植物自体の力で勢いよくはじけ飛んだり、鳥に食べられて運ばれたり、手段はいろいろですが、草本類(そうほんるい)で秋に多いのは衣服や動物の体について運ばれるタネです。これらのくっつくタネは、「ひっつき虫」や「くっつき虫」と呼ばれ、果実にある毛やとげがくっつきやすいようにかぎ形になっています。

アメリカコセンダングサ

2本の角の部分に逆向きに生えた細かい毛でくっつく

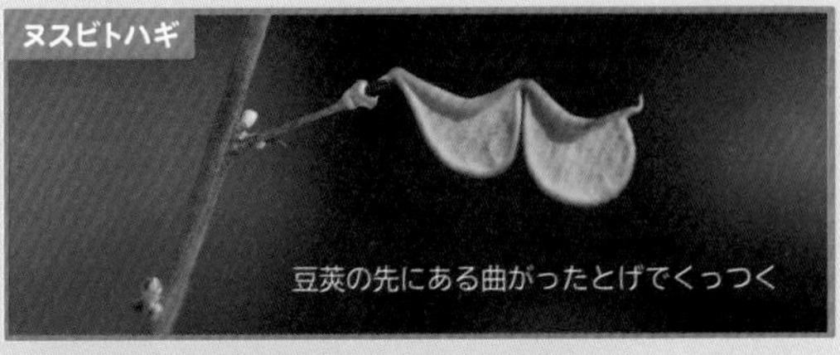
ヌスビトハギ

豆莢の先にある曲がったとげでくっつく

オナモミ

嘴状の突起と多数の先が曲がったかぎ形のとげでくっつく

ヒナタイノコズチ

苞葉にある先の曲がったとげでくっつく

チカラシバ

小穂の基部にある細くて長い毛でくっつく

キンミズヒキ

先が曲がったとげが多数あってくっつく

イヌビユ

犬莧

江戸の末に渡来したといわれています。みずみずしくて軟らかな茎は赤みを帯び、やや地を這うか、分枝して斜めに立ち上がります。長い柄をもつ菱形でしわの多い葉が互生し、花は葉腋ではかたまってつき、枝の先では太く短い穂になってつきます。花穂はずっと緑色をしていますが、花穂が褐色に変わるアオビユもあります。

花 期	7〜10月
花 色	緑色
生育地	人里 畑、道ばた、荒地、庭
分 布	全国（帰化植物）
分 類	ヒユ科 ヒユ属 1年草
高 さ	30〜70cm

花穂に小さな雄花と雌花が混じって密につき、実になっても緑を保つ

▲葉の先がへこんでいるのが特徴。若い葉や軟らかい茎先は食べられる

◀赤みを帯びた茎は軟らかで食用のヒユの仲間だが、あまり役に立たないことから名に「犬」が冠されている

アオビユ

別名ホナガイヌビユ。熱帯アメリカ原産で、長い花穂が淡褐色を帯び、イヌビユより多く見られる

ホソアオゲイトウ

細青鶏頭

花期	8〜10月
花色	緑色
生育地	人里：畑、空き地、道ばた、休耕田
分布	ほぼ全国（帰化植物）
分類	ヒユ科 ヒユ属 1年草
高さ	60〜200㎝

南アメリカ原産の帰化植物で、大正時代に渡来し、今では空き地などでふつうに見られます。ときに赤紫色を帯びる茎は硬く、直立します。花穂は茎の先や葉腋に生じ、円柱状で分枝して斜上します。花穂には雌花と雄花が混じって密につきます。同じようなところによく似たアオゲイトウが生育しますが、こちらは花穂が短くて太いです。

▲葉は変形の菱形〜卵形で、葉柄は葉の長さより短い

アオゲイトウ

南アメリカ原産の帰化植物。ケイトウの仲間で、花穂が緑色なのでこの名がある

▲2m以上になるものもある大型の帰化植物。空き地などに群生する。花穂は円柱状で多くの短い横枝が出るが、横に広がらないので花序はほっそりしている

アカザ

藜

古くに中国から伝来したといわれ、食用に栽培したものが野生化したようです。若芽の部分が紅色を帯びるのが特徴です。太い茎がよく分枝し、柄のある三角状卵形の葉が互生します。葉の裏面は白い粉に覆われてさらさらした手触りがあります。秋に黄緑色の小花が粒状に多数つきます。若芽に赤みが差さないシロザや小形のコアカザもあります。

花期	9～10月
花色	黄緑色
生育地	人里：畑、道ばた、荒地
分布	全国
分類	ヒユ科 アカザ属 1年草
高さ	1～1.5m

▲薄く軟らかな葉の縁に粗い鋸歯があり、若い葉の表面に赤い粉がある

◀茎や枝先に円錐状に微小な花をつける。花弁はなく、5枚の萼片がある

シロザ

若い葉の表面に白い粉があり、白い粉を落としてアカザ同様食用になる

コアカザ

全体に小形で高さ30～60cm。葉は幅が狭い長卵形で、初夏に花をつける

ノゲイトウ
野鶏頭

花期	7〜10月
花色	淡紅色〜白色
生育地	人里：畑、道ばた、休耕田
分布	本州西部〜沖縄（帰化植物）
分類	ヒユ科 ケイトウ属 1年草
高さ	30〜100cm

▼先がとがった披針形〜狭卵形の葉が互生する。葉の質は軟らか

▲茎は分枝し、栽培種にはない野趣にあふれた姿になる

インドあるいは熱帯アメリカ原産といわれ、日本でも暖地に帰化。直立した円柱形の茎の先や枝先に細長い花穂をつけます。花が開くと花穂の一部が膨れたように見え、咲き終わったものから順に銀白色に変化し、ピンクと白のグラデーションになります。名は野生のケイトウの意味。観賞用のケイトウの原種ではないかといわれています。

シュウメイギク
秋明菊

花期	9〜11月
花色	紅紫色、まれに白色
生育地	人里：石垣の間、林縁
分布	本州〜九州
別名	キブネギク
分類	キンポウゲ科 イチリンソウ属 多年草
高さ	40〜80cm

▼まれに白花もあり、ピンク花や一重咲きも栽培される

▲本来の自生ではないので、山中より人里に近い林縁や石垣の間などに逸出したものが見られる

◀花径5〜7cm。花弁のように見えるのはすべて萼片で平らに開く。果実はできない

古くに中国から渡来し、西日本では野生化したものがみられます。全体に白い毛があり、茎は直立するか斜上し、上部で分枝して枝先に1つずつ花をつけます。花弁に見えるのは萼片で、20枚以上ある半八重咲きです。キクのような花を秋に咲かせるのが名の由来。かつて京都の貴船山に多く見られたことから、キブネギクの別名もあります。

ヒガンバナ 毒草

――― 彼岸花 ―――

花期	9〜10月
花色	赤色
生育地	人里：土手、道ばた、田の畦、林縁
分布	本州〜九州
別名	マンジュシャゲ
分類	ヒガンバナ科 ヒガンバナ属 多年草
高さ	30〜50cm

もともとの自生ではなく、古くに中国から渡来したといわれています。地中の鱗茎から花茎を立て、赤い花を数個開きます。花は6枚の線形の花被片が大きく反り返り、1本の雌しべと6本の雄しべが花の外に突き出ています。葉は花後に伸びて冬を越し、晩春に枯れます。花が白いシロバナマンジュシャゲは、本種とショウキズイセンの雑種です。

▲名前のように秋の彼岸の頃に咲く。曼珠沙華は梵語で「天上に咲く赤い花」の意味

▲5〜7個の花が輪生状につき、長さ4cmほどの花被片が反り返る。タネはできない

シロバナマンジュシャゲ　毒草

黄金色の花を咲かせるショウキズイセンとヒガンバナの自然交雑種といわれている

シュウカイドウ

秋海棠

花期	8〜9月
花色	淡紅色、まれに白色
生育地	人里：日陰の湿った場所
分布	関東以西の暖地 （帰化植物）
分類	シュウカイドウ科 シュウカイドウ属 多年草
高さ	60㎝内外

中国原産で江戸時代に渡来し、栽培していたものが野生化しています。節の部分が紅色に染まる茎が直立し、先のとがった大きな葉が互生します。茎の先の葉腋から長い花柄を伸ばして花をつけます。はじめ大きな2枚の萼片と小さな2枚の花弁を持つ雄花が咲き、後から三角錐のような子房を持つ雌花が咲きます。花後に葉腋にムカゴをつけます。

▲まれに葉形が幾分小さくて白花を咲かせるものもある

▲雌雄同株で、同じ花序に雄花と雌花が咲く。写真の上が雄花で下が雌花

ムカゴ

◀ムカゴはアズキ粒大で、地上部が枯れるころに落ちて新しい株になる

▲名は中国名の秋海棠を音読みしたもので、春に咲く花木のカイドウに似た色の花が、秋に咲くという意味

229

ヘクソカズラ

屁糞葛

花 期	8〜9月
花 色	白色、中央部は紅色
生育地	人里：道ばた、土手、やぶ、林縁、河原
分 布	全国
別 名	ヤイトバナ
分 類	アカネ科 ヘクソカズラ属 多年草
高 さ	つる性

家の周りなどにも生え、特有の臭いがあり、万葉集には屎葛で詠まれています。つる性の茎は基部で木質化し、ほかのものに巻きつきながら数メートルになり、楕円形の葉が対生します。葉腋に灰白色で内面が紅紫色を帯びた筒状の花を開きます。葉や茎をもむと悪臭を放つのが名の由来ですが、花は名に似合わず愛らしく可憐です。

▲花は長さ1cmほどの鐘形花で、先が5裂して平らに開く。花の内面が赤いのをお灸に見立てて別名はヤイトバナ

▲果実は球形で黄褐色に熟し、つぶすと黄色い汁がでる。これをしもやけの薬にする

◀悪臭の元はメルカプタンという揮発性の物質で、葉を食べたり汁を吸う虫などを避ける

カヤツリグサ

蚊帳吊草

花期	8〜10月
花色	黄褐色
生育地	人里：田畑の畦、道ばた、草地、空き地
分布	本州〜九州
分類	カヤツリグサ科 カヤツリグサ属 1年草
高さ	20〜60cm

茎は三角柱で節がなく、縦に裂ける性質があります。茎の先の葉のような長い苞葉の間から長短不同の線香花火のような細い枝を出し、それぞれの枝に花穂をつけます。子どもが2人で茎の両端から同時に裂いて蚊帳を吊ったような四角形をつくって遊んだことが名の由来。同じような場所に花序の枝が少ないコゴメガヤツリがあります。

小穂

小穂が軸に斜めに開いてつく

▲小穂は線形で軸に斜めに開いてつき、小穂上には鱗片が2列に並び、黄褐色の鱗片の先が突き出る

コゴメガヤツリ

花序の枝は3〜5本。小穂の鱗片の先がほとんど丸く、小さな米粒のようなので小米の名がついている

花序枝

苞葉

▲茎は根元にかたまって立ち、花序の枝が5〜7本出る

231

メリケンカルカヤ

米利堅刈萱

花 期	9〜10月
花 色	(小穂) 緑色
生育地	人里：畑、田の畦、道ばた、荒地
分 布	関東以西 (帰化植物)
分 類	イネ科 メリケンカルカヤ属 多年草
高 さ	50〜100cm

北アメリカ原産の帰化植物で、1940年代に渡来し、日当たりのよい空き地などに広がっています。硬い茎が直立し、株をつくって群生します。線形の葉は長い鞘になって茎を包み、葉鞘の縁には白い綿毛が多数生えています。穂は茎全体につきます。小穂の根元に白い毛が多数あり、その綿毛が風に乗ってタネが散布されます。

▲葉腋から穂を出すので、茎全体に穂がつく

▲秋になると全体が赤褐色になり、タネを飛ばしたあとも茎は直立して、枯れる

チヂミザサ

縮み笹

花 期	8〜10月
花 色	(小穂) 緑色
生育地	人里：野原、木陰、山地の半陰地、道ばた
分 布	全国
分 類	イネ科 チヂミザサ属 多年草
高 さ	10〜30cm

茎は節から根を出して地を這い、分枝して上部が立ち上がって花茎を出します。披針形の葉は質が軟らかで、両面に長い毛が生えています。穂状の花序に短い枝が出て、多数の小穂が密集してつきます。小穂にはのぎがあり、のぎから出る粘液で動物の毛についてタネが運ばれます。葉がササに似て、縁が縮れているのが名の由来です。

▲葉は長さ7cm前後。深緑色で軟らかく、縁が波をうつ

▼花穂は長さ約10cm。小さなブラシのような雌しべの下に雄しべがぶら下がる

メヒシバ

雌日芝

花期	7〜10月
花色	(小穂) 淡緑色〜帯紫色
生育地	人里：道ばた、畑、空き地
分布	全国
分類	イネ科 メヒシバ属 1年草
高さ	40〜70㎝

根元から分枝した茎は基部が長く地を這い、節から硬い根を出して広がるため、抜きにくく始末に困る雑草です。線形の葉は薄く軟らかで、裏面と葉鞘に毛があります。茎の先に細い花序の枝が数本出て放射状に広がります。葉や茎が細く、葉鞘が無毛で、小穂が赤紫色を帯びるアキメヒシバも同じようなところに生育しています。

▲芝生などにも生える厄介な雑草。茎の下部は地面を横に這って広がる

▼茎の先に3〜8本の花序枝が放射状に出る

アキメヒシバ

メヒシバより遅れて穂が出るのが名の由来。節から根を出しても茎が長く地を這わず、小穂はふつう紫色を帯びる

▲オヒシバ（➡P234）にくらべて優しい感じなのでメヒシバという。日芝は夏の日差しにも負けず元気に育つことからついたもの

オヒシバ

――― 雄日芝 ―――

扁平な茎は基部で分枝し低く這って広がりますが、節から根を出さずに斜上します。線形の葉も葉鞘も丈夫で踏まれても強く、株は引き抜きにくく、全体にたくましい草です。茎の先につく2〜6本の花序の枝は太く、放射状に開いて小穂が枝の外側に2列に並んでつきます。メヒシバにくらべて茎や葉がより力強いことが名の由来です。

花 期	8〜10月
花 色	(小穂) 緑色
生育地	人里 道ばた、空き地、野原
分 布	本州以南
別 名	チカラグサ
分 類	イネ科 オヒシバ属 1年草
高 さ	30〜60cm

▲花序の枝は幅が4〜5mm。小穂が枝の片側に密生する

▼全体が丈夫で踏みつけにも耐えるが、寒さには弱く、夏が涼しいところには分布しない

チカラシバ

――― 力芝 ―――

硬くて長い線形の葉が根元に群がって大株になります。株の中から何本も立ち上げた茎の先に暗紫色の円柱形の花穂をつけます。花穂は長い剛毛に覆われてビン洗いのブラシのようです。根が強く張って、なかなか引き抜けないことが名の由来です。踏み固められた道ばたに多いため道芝や、花穂の様子から狼尾草などの別名もあります。

花 期	8〜11月
花 色	濃紫色
生育地	人里：道ばた、土手、 野原、田の畦、川原
分 布	全国
別 名	ミチシバ、ロウオソウ
分 類	イネ科 チカラシバ属 多年草
高 さ	50〜80cm

▼花穂は長さ10〜15cmで、基部に数本の暗紫色の剛毛が生えた小穂が密につく

▼踏み固められた道ばたなどでも群生し、簡単には引き抜けない

エノコログサ

狗尾草、犬子草

花期	8〜11月
花色	淡緑色
生育地	人里：道ばた、畑、空き地、草地
分布	全国
別名	ネコジャラシ
分類	イネ科 エノコログサ属 1年草
高さ	50〜80cm

細い茎はよく枝分かれして下部で倒れ、上部は直立し、剛毛が多数ある緑色の円柱状の花穂をつけます。小形で花穂が紫色のムラサキエノコロ、黄金色に輝くキンエノコロもあります。名は「狗（犬）の子草」の意味で、毛に覆われた花穂を子犬の尻尾に見立てたもの。また、この穂でネコをじゃらして遊ぶことからネコジャラシとも呼んでいます。

キンエノコロ

黄金色の花穂は長さ5〜10cmで直立する。剛毛は黄金色

ムラサキエノコロ

穂は3〜6cmで、紫色を帯びた剛毛に覆われて、全体が紫褐色に見える

アキノエノコログサ

穂は緑色、あるいは紫色で長さ5〜12cm。穂の先がすべて垂れ下がる

質が薄い線形の葉は長さ10〜20cmで互生する。穂は緑色の円柱形で長さ3〜6cm、直立または先がやや垂れる

アキノノゲシ

秋の野罌粟、秋の野芥子

全体に無毛で、茎や葉を切ると白い乳液が出ます。人の背丈以上になる太い茎に、羽状に深く切れ込んだ葉が互生し、茎の上部に淡黄色の花を円錐状に多数つけます。花は日中に開いて夕方にしぼみます。ノゲシの仲間ではありませんが、ノゲシ（➡ P61）に似て秋に咲くのが名の由来。葉が細く切れ込まないものをホソバアキノノゲシといいます。

花期	9〜11月
花色	淡黄色
生育地	人里 荒地、道ばた、草地
分布	全国
分類	キク科 アキノノゲシ属 1〜越年草
高さ	1.5〜2m

ノゲシよりずっと大きく、茎の先で枝を分けて、多数の花が咲く

▲頭花は舌状花だけで径2cmほど

ホソバアキノノゲシ

茎の下部につく葉も細くて切れ込みがない

ベニバナボロギク

△山地 秋

紅花襤褸菊

花期	8～10月
花色	赤橙色
生育地	山地：林縁、伐採地、山地の荒地、山道
分布	本州～九州（帰化植物）
分類	キク科ベニバナボロギク属1年草
高さ	50～100cm

▼不規則に裂け、先がとがった葉は短い柄があり基部で茎を抱かない

▲頭花は円筒形で、花序全体がうなだれ、果実は長くて白い冠毛がある

アフリカ原産の帰化植物で、戦後すぐに北九州で見つかりました。軟らかい茎に長楕円形の葉が互生し、先端がレンガ色、基部は白い筒状花だけの頭花が、長い柄の先に垂れ下がって咲きます。花後、果実につく長くて白い冠毛が目立ちます。名は紅色の花を咲かせるボロギクの意味ですが、全体の様子はダンドボロギクに似ています。

ダンドボロギク

段戸襤褸菊

花期	9～10月
花色	淡黄色～白色
生育地	山地：林縁、伐採地、道ばた、荒地
分布	ほぼ全国（帰化植物）
分類	キク科タケダグサ属1年草
高さ	50～150cm

▼茎は直立し、葉は縁に不ぞろいの鋸歯がある。花序は円錐状で直立する

▲頭花は筒状花のみで上を向く。白い冠毛が風に乗って果実が散布される

北アメリカ原産の帰化植物。軟らかい茎に披針形の葉が互生します。上部で分枝した枝の先に淡黄色の筒状花だけの頭花を上向きに多数つけます。果実につく真っ白い冠毛は細くて1cm以上もあり、風で飛ばされます。愛知県の段戸山ではじめて発見されたことと、タンポポの綿毛のような冠毛が襤褸のように見えることが名の由来です。

ノコンギク

野紺菊

よく分枝し、枝の先に頭花をたくさんつけます。ヨメナ（➡ P204）に似ていますが、日当たりのよい乾燥したところを好み、冠毛が長く、茎や葉の両面に毛があり、触れるとざらつくので区別できます。名は「野に咲く紺色の菊」という意味で、一般に野菊と呼ばれるもののひとつです。栽培種のコンギクは本種から選抜されたものです。

花期	8〜11月
花色	淡青紫色、白色
生育地	山地：山野の道ばた、林縁、草地
分布	本州〜九州
分類	キク科 シオン属 多年草
高さ	50〜100cm

地下茎を横に伸ばして日当たりのよい山野に生える。春に出る若芽はヨメナ同様山菜として利用できる

▲長楕円形の葉は上半分に鋸歯があり、両面に短毛が生えていてざらざらする

コンギク

舌状花が青紫色〜紅紫色で、鉢植えや切り花などにされる

ノハラアザミ

野原薊

花期	8〜10月
花色	紅紫色
生育地	山地：荒地、草原
分布	本州（中部地方以北）
分類	キク科 アザミ属 多年草
高さ	40〜100cm

名前通り野原や荒地でふつうに見られます。春から夏に咲くノアザミに似ていますが、晩夏から秋に咲いて、花を包む総苞が粘らないので、区別できます。直立する茎が上部で枝分かれし、枝の先に紅紫色の頭花が上を向いて咲きます。根元から出る根生葉は羽状に深く裂け、縁にとげがあり、葉脈が赤みを帯び、開花時もついています。

▲頭花は花径3.8cm。花を包む総苞は鐘形で総苞片の先が短い刺針になってやや反り返り、粘らない

▼花後、冠毛をつけた痩果が風に乗って飛ぶ

▲名は、野原に多いアザミの意味で、山野の乾いた草原や荒地でふつうに見られる

フジバカマ

――― 藤袴 ―――

花期	8〜9月
花色	淡紅紫色
生育地	山地：土手、草地
分布	本州（関東地方以西）〜九州
分類	キク科 ヒヨドリバナ属 多年草
高さ	1〜1.5m

秋の七草のひとつ。中国原産で、奈良時代以前に薬草として渡来したといわれています。地下茎が横に這い、茎が集まって直立します。3つに深く裂けた葉が対生しますが、上部の葉は裂けません。葉が生乾きのときに桜餅のような上品な香りを発し、匂い袋や入浴剤に利用されます。筒状の花弁を袴に見立て、花の色とあわせて藤袴と呼ばれます。

▲川岸や土手などに生えるが、自生のものは少なくなり、絶滅危惧種に指定されている

▲上部で多数分枝した先に散房状に花がつく。頭花は5個の筒状花からなり、白くて長い雌しべの花柱が目立つ

▼葉の質はやや硬く、茎の下部では3深裂するが、上部ではふつう裂けない

ヒヨドリバナ

鵯花

花期 8～10月

花色 白色

生育地 山地：山野の草地、林縁

分布 北海道～九州

分類 キク科
ヒヨドリバナ属
多年草

高さ 1～2m

毛が生えている茎の先に小さな花が多数集まって咲きます。フジバカマ（➡P240）に似た花ですが、つぼみのとき紫紅色のフジバカマに対し、本種はつぼみも開花後もふつう白色です。向かい合ってつく葉は切れ込まず、乾燥させても香りがありません。全体によく似て長楕円形の葉が4枚輪生するヨツバヒヨドリも同じようなところで見られます。

▲茎の上部に白色の筒状花からなる頭花をややまばらな散房状につけ、糸状の花柱が目立つ

ヨツバヒヨドリ

ヒヨドリバナの変種で、3～4枚の葉が輪生する

▲ヒヨドリが里に来て鳴く頃に花が咲くことにちなんで名づけられたといわれている

ヤクシソウ

──── 薬師草 ────

茎や葉を折ると白い乳液が出ます。枝の先や上部の葉腋に、12〜13個の舌状花だけの黄色い頭花が秋遅くまで咲きます。花が咲き終わると、花柄が曲がって下を向きます。葉の形が薬師如来の光背に似ているから、または、奈良市の薬師寺のそばで最初に見つかったからなど、名の由来は諸説ありますが、はっきりしたことは分かりません。

花 期	8〜11月
花 色	黄色
生育地	山地：山野の草原や道ばた、丘陵地
分 布	全国
分 類	キク科 アゼトウナ属 越年草
高 さ	30〜100cm

▼晩秋頃までにぎやかに花を咲かせるが、葉は紫褐色を帯びる

▼茎葉は長楕円形〜倒卵形で柄がなく茎を抱く。頭花は花径1.5cm、花後に下を向く

アワコガネギク

──── 泡黄金菊 ────

茎は下のほうは倒れ、上部で立ち上がり多数枝を出します。多くは花の重みで細い枝が傾いて林縁や崖などを覆うように咲きます。広卵形で羽状に深く裂ける葉は栽培種のキクに似ています。小枝の先に小さな黄金色の花が泡のように密集して咲く姿が名の由来です。京都北部の自生地菊渓に因んで、キクタニギクの別名もあります。

花 期	10〜11月
花 色	黄色
生育地	山地：山地、林縁
分 布	本州（岩手県〜近畿地方）、四国の剣山、九州の壱岐、対馬
別 名	キクタニギク
分 類	キク科／キク属 多年草
高 さ	1〜1.5m

▲質が薄い葉は黄緑色で光沢がなく、下面に軟毛がある

▼舌状花も筒状花も黄色の頭花は花径1.5cm

カワラナデシコ

河原撫子

花期	7〜10月
花色	淡紅紫色
生育地	山地：山野の草地、河原
分布	本州〜九州
分類	ナデシコ科 ナデシコ属 多年草
高さ	30〜100cm

秋の七草のひとつで、万葉の頃から親しまれ、当時から植栽されていました。細い茎も対生する線形の葉も、粉白色を帯びた緑色です。上部で分枝した茎の先と上部の葉腋に、花弁の先が細かく切れ込んだ繊細な花を咲かせます。名は河原に多いナデシコの意味ですが、高原などでよく見られます。まれに白い花を咲かせるものもあります。

▲花径4〜6cm。5枚ある花弁の縁が糸のように細く裂け、基部にひげ状の毛がある

▼白い花を咲かせるものをシロバナカワラナデシコと呼んでいる

▲単にナデシコとも呼ばれる。大和撫子は中国から渡来したセキチク（カラナデシコ）と区別するための名で、後に日本女性の代名詞になった

秋　山地

ツリガネニンジン

―――釣鐘人参―――

直立する茎に長楕円形の葉が4〜5枚茎を囲んで輪生し、折ると白い液が出ます。茎の先に青い花が円錐状に集まって下向きに開きます。花は先がやや広がって浅く5つに裂け、花柱が突き出ています。釣鐘形の花を咲かせ、白くて太い根がチョウセンニンジンに似ているのが名の由来です。若芽は「トトキ」と呼ばれ、山菜にされます。

花期	8〜10月
花色	青紫色
生育地	山地：丘陵地や山地の草原
分布	北海道〜九州
別名	ツリガネソウ、トトキ
分類	キキョウ科 ツリガネニンジン属 多年草
高さ	40〜100cm

花は長さ2cm。段になって数個ずつつく。花時に根生葉はない

▲根生葉は円心形。若苗はトトキと呼ばれ、おいしい山菜として利用される

4〜5枚の葉が茎を取り囲んでつく

輪生

▲葉は卵状楕円形で、ふつう4〜5枚が輪生する

244

アマチャヅル

[甘茶蔓]

茎はつる性で、巻きひげでほかのものに絡んで長く伸びます。葉は鳥足状の複葉で、ふつう5枚の小葉からなり、互生します。葉腋に花序を出し、星形に開く黄緑色の小さな花が円錐花序につきます。雌雄異株で、雌株は花後に緑色から黒緑色に熟す球形の果実をつけます。葉を噛むとわずかに甘味があるのが名の由来です。

花期	8～9月
花色	黄緑色
生育地	山地：山地、林縁、やぶ
分布	全国
分類	ウリ科 アマチャヅル属 多年草
高さ	つる性

▼5～7枚の小葉からなり、星形の花は先が尾状にとがる

▲果実は球形の液果。熟すと黒緑色になる

スズメウリ

[雀瓜]

つる性の植物で、巻きひげでほかのものに絡みます。雌雄同株で、雄花も雌花も同じ株の葉腋につきます。花は深く5裂して星形に開きます。球形の果実は灰白色に熟し、長い柄にぶら下がります。名の由来は、果実がカラスウリより小さいから、スズメの卵に似ている、あるいは可愛らしい鈴のような実なので「鈴女瓜」などさまざまです。

花期	8～9月
花色	白色
生育地	山地：林縁、河川敷
分布	本州～九州
分類	ウリ科 スズメウリ属 多年草
高さ	つる性

▼果実は液果で直径1～2cm。熟すと灰白色になる

▼雌雄同株で、三角状卵形の葉腋に花がつく。花冠は長さ6～7mmで、雌花の下には子房がある

オミナエシ

女郎花

秋の七草のひとつで、風にゆらぐ優しげな風情が昔から愛されてきました。万葉集にも詠まれていますが、女郎花の文字が当てられるようになったのは平安時代以後のことです。直立した茎に羽状に裂けた葉が対生し、枝の先に黄色い小さな花が集まって多数咲きます。仲間のオトコエシは大形で、茎や葉に毛が多く白い花が咲きます。

花期	8～10月
花色	黄色
生育地	山地 丘陵地、山地の草原
分布	北海道～九州
別名	オミナメシ、アワバナ
分類	スイカズラ科 オミナエシ属 多年草
高さ	60～100cm

▲葉は羽状複葉で、先端の裂片が最も大きく長さ3～15cm

オトコエシ

オトコエシ。オミナエシにくらべて毛が多く、剛直な感じで男性的に見えることが名の由来。やや暗い場所に生える

◀草全体に悪臭があるが、草姿は優しい。黄色い小さな花が集まって咲き、粟花ともいう

アカネ

茜

花 期	8〜10月
花 色	淡黄緑色
生育地	山地：林緑、やぶ、草地、道ばた
分 布	本州〜九州
分 類	アカネ科 アカネ属 多年草
高 さ	つる性

四角いつる性の茎に下向きのとげが生えていて、ほかの植物に引っかかりながら長く伸びます。先がとがった長卵形の葉は長い柄をもち4枚が輪生状につきます。茎の先や葉腋に円錐状に小さな花を多数つけ、花冠は5裂して開きます。太いひげ状の根は古くから赤色の染料（茜染め）に利用されてきたほか、止血剤などの薬用にも使われます。

▲花径3〜4mmで花冠は深く5裂し、裂片の先がとがる。雄しべは5本

▲4枚輪生する葉のうち2枚は托葉が変化したもの。葉脈や葉柄にもとげがある

◀果実は液果で直径5・7mmの球形、熟すと黒くなる

ゲンノショウコ

―― 現の証拠 ――

花期	7〜10月
花色	白色〜紅色
生育地	山地 草地、道ばた、土手
分布	北海道〜九州
別名	ミコシグサ
分類	フウロソウ科 フウロソウ属 多年草
高さ	30〜60㎝

全体に白い毛があります。茎の基部は倒れて地を這い、上部は立ち上がります。葉は掌状に深く3〜5裂し、長い柄があって対生します。花は5弁花で、赤花株と白花株があり、ふつう西日本は赤花、東日本は白花が多く見られます。名は「現の証拠」の意味。下痢止めの民間薬で、飲めばたちまち薬効が現れることから名づけられました。

▲タンニンを含み、花の色にかかわらずいずれも薬用として利用でき、開花のころ刈り取り、干して使う

▲西日本には赤花が多く、ベニバナゲンノショウコと呼ばれている

▲掌状の葉は長い柄をもち、3〜5深裂し、裂片は長楕円形で縁に大きな鋸歯がある

◀果実が熟すと5つに裂けて、神輿の屋根に似た形になることからミコシグサの別名がある

豆知識　若芽が似ている食草と毒草

　イシャイラズなどとも呼ばれて、古くから生活にかかわってきたゲンノショウコは、若芽（根生葉）を山菜として利用することもあります。ただし、若芽の時期にはよく似たトリカブトなどの毒草があるので、十分な注意が必要です。

　ニリンソウは地方によっては食用にされますが、これも若芽はトリカブトに似ています。花が咲けば間違えようがありませんから、花を見てから採取するようにしましょう。ほかにも、春のセリ摘みなどでも注意しなければならないものもあります。セリやヨモギ、ミツバなどは、香りを確かめてから摘むようにしましょう。

ゲンノショウコ

根生葉は掌状に3～5裂し、ふつう葉面にたくさんの紫黒色の斑点がある

ニリンソウ

根生葉は掌状に3裂し、裂片はさらに裂ける。トリカブトより葉の質が薄く、花が違うので花が咲いてから摘むとよい

トリカブト 毒草

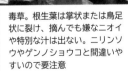

毒草。根生葉は掌状または鳥足状に裂け、摘んでも嫌なニオイや特別な汁は出ない。ニリンソウやゲンノショウコと間違いやすいので要注意

キンポウゲ 毒草

毒草。根生葉は長い柄をもち、掌状に深く3裂する。ニリンソウに似ているので注意

ケキツネノボタン 毒草

毒草。3枚の小葉で、小葉はさらに2～3裂する。セリのような香りがないので、セリを摘むときは香りを確かめる

アキノタムラソウ

秋の田村草

▲栽培されるサルビアの仲間。花はサルビア同様上唇と下唇が深く裂け、下唇は浅く3裂する

シソ科特有の四角い茎が直立し、茎の先や上部の葉腋に花穂を出し、唇形花が段状に輪生します。花は斜め上向きについて開き、上唇にも下唇にも白い毛があります。葉は柄があって対生しますが、変異が多く、3出複葉、1〜2回羽状複葉、単葉などさまざまです。名の意味は不明ですが、単にタムラソウといえばキク科の植物を指します。

花 期	7〜11月
花 色	淡紫色
生育地	山地 林縁、道ばた、疎林内
分 布	本州〜沖縄
分 類	シソ科 アキギリ属 多年草
高 さ	5〜20cm

▲細長い花穂に淡紫色の清楚な花をつけ、山野でふつうに見られる

キバナアキギリ

黄花秋桐

花穂は10〜20cm。花冠は長さ約3cm、長さの半分まで2裂して2唇形になる

四角い茎は下部で倒れ、上部は立ち上がって三角状の幅の広い葉が対生します。茎の先に花穂を出して淡黄色の唇形花をつけます。栽培されるサルビアの仲間なので、花は口を大きくひらいたような姿で、長い雌しべの花柱が花冠から突き出ています。よく似て紫色の花をつけるアキギリは、本州の中部〜近畿地方の山地に生えています。

花 期	8〜10月
花 色	黄色
生育地	山地：山地の樹林下
分 布	本州〜九州
分 類	シソ科 アキギリ属 多年草
高 さ	20〜40cm

アキギリ

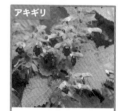

秋に咲く紫色の花や葉が樹木のキリに似ることが名の由来

ナギナタコウジュ

薙刀香薷

花期	9～10月
花色	淡紅紫色
生育地	山地 林縁、山地の道ばた、草地
分布	北海道～九州
分類	シソ科 ナギナタコウジュ属 1年草
高さ	30～60cm

▼葉は質が薄く鋸歯があり、揉むと強い香りが漂う

▲花穂は長さ5～10cm、細長く薙刀状に曲がる

全体に強い香りがあり、枯れても匂いは残ります。四角い茎が分枝し、長卵形の軟らかな葉が対生します。枝先の花穂に小さな唇形花が、片側にだけたくさんつき、花穂全体が少し曲がっています。名は、やや反りかえる花穂を薙刀に見立てたもので、香薷は漢名です。漢方では陰干ししたものを香薷といい、解熱、発汗、利尿に用います。

カワミドリ

川緑

花期	8～10月
花色	紫紅色
生育地	山地：山地の草地
分布	北海道～九州
分類	シソ科 カワミドリ属 多年草
高さ	40～100cm

▼茎は4稜あり、葉は長さ1～4cmの柄をもち、下面に細かい白毛がある

▲円柱状の花穂は長さ5～15cm、密集してついた唇形の花から雄しべ、雌しべが突き出ている

全体にハッカに似た強い香りがあります。四角い茎は上部でよく分枝し、卵状披針形の葉が対生します。茎や枝の先に唇形花が穂状に密につき、花からは4本の雄しべが長く突き出ています。花後に紫色の萼が残って目立ちます。山地の水辺などに生え、緑の葉がよく目立つことから、この名がついたといわれていますが、由来は不明です。

イノコズチ

─┤ 猪子槌 ├─

四角形の茎は直立して分枝し、節がやや膨らんで、長楕円形の葉が対生します。茎の先や枝先に細長い穂状の花序を出し、まばらに淡緑色の小さな花を横向きにつけ、下から順に咲きます。花後は花軸に沿って下向きになり、結実します。果実にはとげがあり衣服や動物について運ばれます。花穂が短く密に花をつけるヒナタイノコズチもあります。

花期	8〜9月
花色	(萼片) 緑色
生育地	山地：林縁、林下、竹やぶ
分布	本州〜九州
別名	ヒカゲイノコズチ
分類	ヒユ科 イノコズチ属 多年草
高さ	50〜150cm

▲日陰に生え、膨らんだ茎の節をイノシシの膝頭に見立てたのが名の由来といわれている

▲質が薄く、光沢がない長楕円形の葉が対生する

▲花径約6mm、花弁がなく5枚の緑色の萼片が目立ち、萼片の外側の小苞葉がとげになる

ヒナタイノコズチ

日当たりのよい道ばたや草地でふつうに見られる。全体に毛が多く、イノコズチより多くの花をつける

ツリフネソウ

釣舟草

花期	8〜10月
花色	紅紫色
生育地	山地：山地の湿った場所、林縁、林内
分布	北海道〜九州
分類	ツリフネソウ科 ツリフネソウ属 1年草
高さ	50〜80cm

全体に多汁で軟らかです。茎は直立して、上部で分枝し、菱形状卵形の葉が互生します。葉腋から細い花柄を出し、紅紫色の花が横向きに花柄にぶら下がってつきます。花の後ろは細い距になり、先がくるりと巻いています。果実は、ホウセンカのように触れるとはじけて種子を飛ばします。同じような場所には、花が黄色のキツリフネも見られます。

キツリフネ　全体に粉白色を帯び、花の後ろにある距は巻かずに尾状に垂れる

▲葉は長さ6〜14cm。先がとがり、縁に細かい鋸歯があり、葉柄の上側が赤みを帯びる

距

▲細長い花柄を釣り糸に、そこにぶら下がって咲く花を帆掛け舟に見立てたのが名の由来

◀花は長さ3〜4cmで、内側に紫色の斑点と黄色のぼかしがあり、距の先は渦巻状

253

ヤブマメ

薮豆

茎、葉柄、花軸に黄褐色の下向きの毛が生えています。つる性の茎がほかの植物に巻きついて長く伸び、長い柄をもつ3出複葉の葉が互生します。葉腋から出る葉よりも短い花軸に蝶形花が数個かたまってつきます。花後、豆果をつけますが、地中に閉鎖花をつけ結実するので、地上と地中に豆果ができます。名は、やぶに生えるマメの意味。

花期	8〜11月
花色	淡紫色
生育地	山地：林縁、やぶ、道ばた、野原
分布	北海道〜九州
分類	マメ科 ヤブマメ属 1年草
高さ	つる性

▲左は地上果で、豆果内の種子は3〜5個。右は地中果で、淡桃色の丸い種子が1つ

▲葉は3枚の小葉からなる複葉。小葉は広卵形で両面に毛がある。豆果は扁平で長さ2.5〜3cm

◀硬くて細い茎が植物やフェンスなどに巻きついて繁る

ツルマメ

蔓豆

花期	8～9月
花色	紅紫色
生育地	山地：原野、やぶ、荒地、道ばた
分布	北海道～九州
分類	マメ科 ダイズ属 1年草
高さ	つる性

つる性の細い茎は下向きの褐色の毛が密生して、ほかのものに巻きついて長く伸びます。葉は長い柄をもつ3出複葉で、互生し、葉腋に蝶形花を3～4個開きます。花後、淡い褐色の毛に覆われた豆果をつけ、中に黒い種子が2～3個入っています。名は、茎がつる状になるマメという意味で、栽培されるダイズの原種といわれています。

▲葉は3枚の小葉からなる複葉。小葉は狭卵形～披針形で両面に短い毛がある

▼豆果は長さ2～3cm。表面に淡褐色の毛が密生してダイズによく似ている

▲全体に茶色い毛があり、触るとざらつき、つるは他のものに絡みついて3m以上の長さになる

クズ

葛

秋の七草のひとつです。全体に褐色の毛があります。茎は地面を這ったり、ほかのものに絡みついて20mにもなり、基部は木質化します。葉は3出複葉で、葉腋に甘い香りの蝶形花がつき、下から上に咲いていきます。名は、昔、大和国吉野（奈良県）の国栖の人が、根からくず粉をつくって売り歩いたことからついたといわれています。

花 期	7〜9月
花 色	紅紫色
生育地	山地：土手、斜面
分 布	北海道〜奄美大島
分 類	マメ科 クズ属 多年草
高 さ	つる性

▲豆果は長さ5〜7cmの線形で、褐色の剛毛に覆われている

▲花は長さ1.5〜2cmの蝶形花。長さ15〜18cmの花序について下から咲く

◀葉は3小葉からなる複葉で、小葉は長さ17cm、下面に白い毛がある。繁殖力が旺盛で、現在では害草となりつつある

ワレモコウ

──── 吾木紅 ────

茎は直立し、上部で枝分かれしてそれぞれの枝の先端に楕円形の花穂をつけ、花穂の先端から咲きはじめます。花穂は小さな花が集まったもので、花には花弁がなく、アズキ色の4枚の萼の裂片が花弁のように見えます。葉は羽状複葉で、根生葉は長い柄をもち、茎につく葉は小型で互生します。葉をもむとかすかにスイカに似た匂いがします。

花 期	7〜10月
花 色	暗赤紫色
生育地	山地：林縁、草地、土手
分 布	北海道〜九州
分 類	バラ科 ワレモコウ属 多年草
高 さ	50〜100cm

▲葉は5〜11枚の小葉からなり、小葉の縁に細かい鋸歯がある

▼源氏物語などにも取り上げられた秋の名花のひとつで、ひっそりとしたたたずまいが好まれ、茶花などによく使われる

キンミズヒキ

──── 金水引 ────

茎にも葉にも多くの毛があります。葉は、5〜9枚の大小不揃いの小葉からなる奇数羽状複葉で、互生します。細い花穂につく黄色の小さな5弁花は、萼片の縁にかぎ状のとげが多く、実が熟すとこのとげが衣類や動物の体にくっついて運ばれます。タデ科のミズヒキのような細長い花序に黄色の花をつけることが名の由来です。

花 期	7〜10月
花 色	黄色
生育地	山地：林縁、道ばた、草地　土手
分 布	北海道〜九州
分 類	バラ科 キンミズヒキ属 多年草
高 さ	30〜100cm

▼果実にとげが多数あり、衣類につくと取るのに苦労する

▼花径7〜10mmの5弁花で、10〜20cmの細い花穂に多数つき、下から咲きあがる

ミズヒキ

―― 水引 ――

花期	8〜10月
花色	紅色、白色
生育地	山地：林縁、林下、やぶ
分布	全国
別名	ハチノジグサ
分類	タデ科 イヌタデ属 多年草
高さ	50〜80㎝

全体に粗い毛があり、まばらに枝分かれした茎に、長楕円形の葉が互生します。ふつう葉の表面中央に黒い斑紋が入ります。長い穂状につく小さな花は花弁がなく、花弁のように見えるのは萼片です。萼は深く4裂し、上側の3枚は紅色を帯びて下の1枚は白色。花が全部白い変種もあり、ギンミズヒキと呼ばれています。

▲ぴんと伸びた細長い花穂に、赤い小花が横向きに点々とつき、日陰に多い

▲花序を上から見ると赤く、下からは白く見えることを紅白の水引に見立てたのが名の由来

ギンミズヒキ

ミズヒキ同様、江戸時代から庭などで栽培されている

センニンソウ 毒草

─── 仙人草 ───

花期	7〜10月
花色	白色
生育地	山地：林縁、草地、林下、道ばた
分布	本州〜九州
分類	キンポウゲ科 センニンソウ属 多年草
高さ	つる性

茎の基部が木質化するつる性の植物です。光沢のある羽状複葉の葉が対生し、葉腋に純白の花が上を向いて群がって咲き、多数の糸状の雄しべがよく目立ちます。花が終わると雌しべの花柱が伸び出し、銀白色の長い毛が密生します。その様子を仙人のひげや白髪に見立てて名づけられました。よく似たボタンヅルもあります。

ボタンヅル 毒草

葉が1回3出複葉で、光沢がなく小葉の縁に鋸歯があるので、センニンソウと区別できる

▲葉は5枚前後の卵形の小葉からなり、長い葉柄が巻きひげ状になってほかのものにからみつく

▶花後、花柱が羽毛状に伸び、白くて長い毛をつけた実が集まってつく

栽培されるクレマチスの仲間だが、有毒植物。花は径2〜3cm。花弁に見えるのは4枚の萼片で、十字形に平らに開く

ナンバンギセル

南蛮煙管

花は長さ3～4cm。横向き、ややうむき加減に咲き、思案しているような姿から万葉集には思草の名で出ている

ススキやサトウキビなどのイネ科の植物やミョウガなどの根に寄生する植物です。茎のように見える花柄（かへい）の先に、筒状（つつじょう）で先が浅く5裂した花をひとつ咲かせます。花が開いたときのようすがキセルのようなので、この名があります。よく似て、全体に大形で、花冠（かかん）の先に細かい歯芽（しが）がある、オオナンバンギセルは本州～沖縄に分布しています。

花期	7～9月
花色	紫紅色
生育地	山地：草原、畑
分布	全国
別名	オモイグサ
分類	ハマウツボ科 ナンバンギセル属 1年草
高さ	15～20cm

オオナンバンギセル

高さ20～30cmで、花は長さ4～6cm。花筒を包む舟形の萼の先がとがらない

ヤブマオ

藪苧麻

山野で最もふつうに見られる繁殖力が旺盛な大形の植物。長さ15cm内外の大きな葉の先端がとがる

全体に短毛が多く、触るとざらつきます。茎はふつう分枝（ぶんし）せずに直立し、先がとがって厚みのある卵状長楕円形（らんじょうちょうだえんけい）の葉が対生（たいせい）します。茎の上部の葉腋（ようえき）に長い穂状（すいじょう）に雌花（めばな）をつけますが、下部につく雄花（おばな）の多くは退化しています。よく似たメヤブマオは、花穂（かすい）が細く、雌花の塊が互いに離れてつき、質が薄い卵円形（らんえんけい）の葉の先が3つに裂けています。

花期	8～10月
花色	淡緑色
生育地	山地：林縁、道ばた
分布	北海道～九州
分類	イラクサ科 カラムシ属 多年草
高さ	1～1.7m

メヤブマオ

葉はアカソ（⇒P261）に似ているが、より大きく長さも幅も10～20cmで、両面に軟毛が密生する

アカソ

赤麻

花期	7～9月
花色	帯赤色
生育地	山地：林縁、道ばた
分布	北海道～九州
分類	イラクサ科 カラムシ属 多年草
高さ	50～80cm

赤みを帯びた四角い茎が直立し、先が3つに裂けた葉が対生します。雌雄同株で、雄花と雌花は別々の穂状花序につきます。雄花穂は茎の下の葉腋から出て、大形で淡黄白色、雌花穂は上部の葉腋から出て小形で赤みを帯びます。よく似たクサコアカソは、葉の先が3つに分かれずに、とがった尾が1本だけなので、区別できます。

▲茎や葉柄が赤みを帯びることが名の由来。とくに西日本で多く見られ、ひも状の花序をつけて群生する

コアカソ

茎の下部が木質化する落葉性半低木。茎がよく分枝し、茎の上部につく雌花穂が赤みを帯びて垂れる

クサコアカソ

葉の先が3つに裂けないのがアカソとの区別点。関東の山地にとくに多い

リンドウ

竜胆

枕草子や源氏物語にも登場する秋の野山の代表的な草花

花 期	9～11月
花 色	青紫色
生育地	山地 丘陵地から山地の草地
分 布	本州～九州
分 類	リンドウ科／リンドウ属 多年草
高 さ	20～80cm

直立したり横に這ったりする茎に、披針形の葉が向かい合って茎を抱くようにつき、茎の先や上部の葉腋に花が咲きます。青紫の花は釣鐘形で、太陽の光を受けると開き、天候の悪い日や夜には閉じます。名は、漢名の竜胆が変化したものです。エゾリンドウは、太い茎が直立して、茎の上部の葉腋に数個ずつ花がつくので賑やかです。

エゾリンドウ

リンドウより草丈が高く30～80cm、開花しても花弁の先が反り返らない

ツルボ

蔓穂

花穂を、宮中に参上する公家に供の者が差しかける柄の長い傘をすぼめた形に見立てて、参内傘の別名がある

花 期	8～9月
花 色	淡紫色
生育地	山地：草地、土手、 林縁、田畑の畦
分 布	全国
別 名	サンダイガサ
分 類	キジカクシ科 ツルボ属／多年草
高 さ	20～40cm

園芸植物のシラーの仲間で、地中に黒褐色の外皮に包まれた卵球形の鱗茎をもつ球根植物です。線形の軟らかな葉が春と秋、2回出ます。春に出た葉は夏に枯れますが、初秋に根元から2枚の葉が出ると葉の間からすぐに花茎が伸びだし、先端に淡紫色の小さな花を穂状に多数つけます。花被片は6枚で平らに開き、下から咲きあがります。

シロバナツルボ

まれに白い花を咲かせる

ヤブラン

山地 秋

藪蘭

花期	8～10月
花色	淡紫色
生育地	山地：林内、林縁、やぶ
分布	本州～沖縄
分類	キジカクシ科 ヤブラン属 多年草
高さ	30～50㎝

線形の葉はすべて株もとから出て株立ちになり、よく茂ります。葉の間から伸びた花茎の上半分ほどに、小さな花を穂状に多数つけます。淡紫色の花は6枚の花被片と短い柄をもち、晩夏の頃から次々と咲き続けます。花後、黒く熟す球形の実をつけます。藪に生え、束になって根元から生える葉がランに似ていることが名の由来です。

▶花は楕円形の花被片が6枚あり、長さ4㎜。6本の雄しべがある

▼実は球形で紫黒色だが、これは薄い果皮が破れて裸のまま種子が熟して液果状になったものである

▲低山の林内などに生えるほか、シュンランのような葉をつけ、日陰でも育つので庭にも植栽される

263

ホトトギス

杜鵑草

上向きの毛が密生する茎は分枝しないで、斜上するか、崖などでは垂れ下がります。先のとがった細長い葉が2列に互生します。葉は柄がなく基部が茎を抱き、葉腋に花が上向きに咲きます。花に紫色の斑点があり、それが野鳥のホトトギスの胸の模様に似ていることが名の由来です。よく似たタイワンホトトギスは、茎の先に花をつけます。

花 期	8〜10月
花 色	白色地に紫色斑
生育地	山地：林縁、林内、崖
分 布	北海道（西南部）〜九州
別 名	ユテンソウ
分 類	ユリ科 ホトトギス属 多年草
高 さ	40〜80cm

▲山地のやや湿地に生育し、葉腋に2〜3個ずつ花がつく

花被片は6枚で、多数の紫色の斑と基部に黄色の斑がある。雄しべ6本、雌しべの花柱は3裂し雄しべにかぶさる

◀葉に油のしみに似た黒い斑点が入ることから別名はユテンソウ。油点は春の新葉のころに濃く次第に淡くなる

タイワンホトトギス

台湾原産だが、西表島にも自生する。花は淡紅色で上向きに咲く

タウコギ

田五加木

花期	8〜10月
花色	黄色
生育地	湿地：湿地、田の畦
分布	全国
分類	キク科 センダングサ属 1年草
高さ	30〜100cm

全体に無毛で、太くて軟らかな茎が直立します。3〜5に深く裂けた葉が対生しますが、茎の上部につく葉は裂けません。枝の先に黄色の筒状花だけの花を1つずつつけます。花の下に5〜10枚の大小不揃いの葉のような総苞片がつき、放射状に花を取り囲んでよく目立ちます。田に生え、葉が樹木のウコギに似ていることが名の由来。

▲果実は扁平な痩果で、上端の2個のとげ状突起で洋服などについて運ばれる
▼頭花は花径7〜8mmだが、実がなるころには2〜3cmと大きくなる。花の周りを葉状の総苞片が囲んでいる

▲かつては水田の雑草として嫌われていたが、今では除草剤などの影響で少なくなった

アレチウリ

――― 荒地瓜 ―――

北アメリカ原産の帰化植物で、1952年に静岡県の清水港で初めて見つかりました。巻きひげで絡みながらつるが長く伸びます。雌雄同株で、黄白色の雄花は長い柄に、雄花より小さい淡緑色の雌花は短い柄につきます。名は荒地に生えるウリの意ですが、とげ状の長い毛と軟毛に覆われ、数個がかたまってついた果実はウリには見えません。

花期	7〜9月
花色	黄白色
生育地	湿地：河原、土手
分布	ほぼ全国（帰化植物）
分類	ウリ科 アレチウリ属 多年草
高さ	つる性

▶繁殖力が強く特定外来生物に指定されている。葉は掌状に浅く3〜5裂する

▲雌花が終わり、果実ができ始めた頃。果実は軟毛ととげが密生する

ゴキヅル

――― 合器蔓 ―――

つる性の茎に三角状披針形の葉が互生します。雌雄同株で、葉腋に数個の雄花と1個の雌花がつきます。花は萼片と花冠が同じ形で、ともに5つに深く裂けるため花弁が10枚あるように見えます。果実は緑色の楕円形で、熟すと中央の部分の切れ目が裂けて種子が落ちます。この実の形を合器という蓋つきの器に見立てたのが名の由来。

花期	8〜11月
花色	黄緑色
生育地	湿地：湿地、水辺
分布	本州〜九州
分類	ウリ科 ゴキヅル属 多年草
高さ	つる性

▼果実は長さ1.5cm。柄がついているほうにだけとげ状の突起がある

▼葉は先端がとがった長い三角状で長さ5〜10cm。花径1〜1.5cmで葉腋につく

カワラケツメイ

河原決明

細い茎は硬くて短毛が生え、わずかに枝分かれします。短い柄をもつ羽状複葉の葉が互生し、葉腋に5弁花を1～2個ずつつけます。花後に扁平な豆果を結び、熟すと2つに裂けます。名は、河原に生える決明の意味。決明は薬用やハブ茶などにされるエビスグサの中国名で、これと同じ仲間で河原に生えることから名づけられました。

花期	8～9月
花色	黄色
生育地	湿地：河原、道ばた、草地、土手
分布	本州～九州
分類	マメ科 カワラケツメイ属 1年草
高さ	30～60cm

▼マメ科だが、5枚の花弁は同じ大きさでウメのような花形になる

▼葉は長さ3～7cmで、線形の小葉が15～35対もある羽状複葉

クサネム

草合歓

軟らかな円柱形の茎は無毛でよく分枝し、短い柄をもつ羽状複葉の葉が互生します。葉腋に短い花序を出し、小さな蝶形花を2～3個ずつ開き、花後に、6～8個の節がある線形の豆果を結びます。名は、草本で、軟らかな葉が樹木のネムノキに似ているという意味です。ネムノキ同様、暗くなると小葉が閉じる睡眠運動を行います。

花期	8～10月
花色	淡黄色
生育地	湿地：田の畦、湿地、川岸
分布	全国
分類	マメ科 クサネム属 1年草
高さ	50～90cm

▲蝶形花は長さ1cm。上側に直立する花弁の基部に赤褐色の斑点が入る

▼繊細な羽状複葉の葉をつけ、河川敷などの湿ったところで見られる

アキノウナギツカミ

秋の鰻攫み

四角い茎に下向きの細かいとげがあり、下部は長く地面を這い、上部はとげでほかのものに絡まりながら立ち上がります。葉は披針形(ひしんけい)で葉柄(ようへい)に茎と同じようなとげがあり、互生(ごせい)します。花は枝先に球状(きゅうじょう)に集まってつきます。とげのある茎を使えばウナギもつかめるというのが名の由来ですが、本種は秋に花が咲くのでこの名があります。

花期	8〜10月
花色	淡紅色
生育地	湿地：湿地、水辺
分布	北海道〜九州
別名	アキノウナギヅル
分類	タデ科 イヌタデ属 1年草
高さ	1m内外

▲披針形の葉は長さ5〜10㎝で、基部が矢じり形になって茎より突き出る

▲花は枝先に十数個が集まってつく。花弁のような萼片が深く5裂し、上部がピンクで下部が白い

◀水辺に生育する。茎がよく分枝して湿り気があるところでは一面に広がる

ママコノシリヌグイ

継子の尻拭い

花期	5〜10月
花色	淡紅色
生育地	湿地：荒地、やぶ、林緑、道ばた、水辺
分布	全国
別名	トゲソバ
分類	タデ科 イヌタデ属 1年草
高さ	つる性

葉の裏や葉柄、茎に下向きのとげがあり、そのとげでほかのものにからまりながら、広がっていきます。葉は三角形で長い柄があり互生し、枝先に小さな花が集まり、金平糖のような形になって咲きます。花は紅色の萼が深く5つに裂けて花弁のように見え、花弁はありません。名は、刺のある茎や葉で継子の尻をふく草という意味です。

▲葉はイシミカワ（➡P163）に似るが、葉柄が葉の基部から伸びるので楯状にならない

▼花弁のような萼は長さ4〜7mm、上部は紅紫色で下部は白色で、ソバの花に似る

▲つる性の茎は多くの枝を分けて、長さ1〜2mになり群生する

◀茎に生えるとげは逆を向く逆刺で、ほかのものに引っかかりやすくなっている

イヌタデ

犬蓼

茎の下部は地を這って分枝し、上部は直立し、広披針形の葉が互生します。分枝した茎の先に小さな花が穂状にたくさんつきます。花には花弁がなく、5裂する萼片はふつう紅色で、まれに白色もあります。香辛料としてタデ酢や刺し身のツマなどに使われるヤナギタデに似ているのに、葉に辛味がなく食用にならないことが名の由来です。

花期	6〜10月
花色	淡紅色
生育地	湿地：田畑、道ばた、野原
分布	全国
別名	アカマンマ、アカノマンマ
分類	タデ科 イヌタデ属 1年草
高さ	20〜50cm

▲まれに白花も見られる ▼花や実を赤飯に見立てて、子どもたちがままごとに使ったことから、アカマンマの名もある

サクラタデ

桜蓼

根茎を地中に長く伸ばしてふえます。直立する茎にやや厚みのある披針形の葉が互生し、細長い花穂にやや密に花をつけます。ふつう花穂の上部が垂れ下がります。タデ類の中では花が大きく、色も形もサクラを思わせるのが名の由来です。よく似て北海道にも分布するシロバナサクラタデは、先が垂れ下がった長い花穂に白花をつけます。

花期	8〜10月
花色	淡紅色
生育地	湿地：水辺、休耕田
分布	本州〜沖縄
分類	タデ科 イヌタデ属 多年草
高さ	50〜100cm

シロバナサクラタデ

サクラタデの白花品種ではなく別種で、全体に大きくよく分枝する

深く5裂して花びらのように見えるのは萼で、長さ5mm前後ほど

ヤナギタデ

花期	7～10月
花色	白色
生育地	湿地：水辺、湿地、池畔
分布	全国
別名	マタデ、ホンタデ
分類	タデ科／イヌタデ属　1年草
高さ	40～60cm

柳蓼

▼花弁のような萼裂片の外側がピンクなので、つぼみのときは色が濃い

▲葉に辛味があり、これが本当のタデという意でホンタデ、マタデと呼ばれる

茎は直立して枝を分け、披針形の葉が互生します。やや紅色を帯びた白緑色の小さな花が、茎や枝の先に穂状にまばらにつき、花穂の上部は垂れ下がります。葉に辛味があり、ムラサキタデやイトタデなど食用に栽培する品種もあり、タデ酢をつくったり若芽を刺身のつまに利用します。幅の狭い葉がヤナギに似ていることが名の由来です。

ヤノネグサ

花期	9～10月
花色	淡紅色、白色
生育地	湿地：水辺、湿地
分布	北海道～九州
分類	タデ科　イヌタデ属　1年草
高さ	50cm内外

矢の根草

▼葉は無毛で長さ3～8cm。卵形または広披針形で基部は左右がほぼ一直線に切れる

▲横や斜めに広がり、秋には紅葉も見られる

円柱形の細い茎に下向きの小さなとげがまばらにありますが、あまり目立ちません。茎の下部は地面を這い、途中から斜上して短い柄をもった卵形の葉が互生します。花は枝先に十数個塊になってつきます。ピンクの花弁のように見えるのは萼片で、花弁はありません。名は、葉の形を矢の根（矢じり）に見立てたものです。

キクモ
―― 菊藻 ――

水田や沼などの浅い水の中に生える植物です。地下茎が泥中を這い、円柱形の茎は斜上して上部が水の上に出ます。水上や地上に出る茎には、細かく羽状に裂けた葉が5〜8枚輪生します。水中の葉は糸状に細く裂けます。茎の先の葉腋に柄をもたない唇形花を1つ開きます。名は、水辺に生え、細かく裂けた葉をキクの葉に見立てたものです。

花期	8〜10月
花色	紅紫色
生育地	湿地 水田、湿地、沼地
分布	本州〜沖縄
分類	オオバコ科 シソクサ属 多年草
高さ	15〜20cm

▲茎の下部は匍匐し、上部が立ち上がって地上や水上に出て、1〜2cmの羽裂した葉が茎に輪生する

▼水田の雑草で、しばしば群生する。花は長さ6〜10mm。筒形で先が浅く5裂して唇形になる

アブノメ
―― 虻の目 ――

全体に多肉質で、ひょろりと伸びて軟弱な感じがします。茎は基部で分枝して直立します。長楕円形で柄のない葉が対生し、株元に集まってつきますが、茎の上部にいくほど葉が小さくなります。葉腋ごとに花を1つつけ、花後、球形の実を結びます。葉腋についている丸い実を昆虫のアブの目にたとえたのが名の由来。閉鎖花もよくつきます。

花期	8〜9月
花色	淡紫色
生育地	湿地：水田、湿地
分布	本州（福島県以南）〜沖縄
分類	オオバコ科 アブノメ属 1年草
高さ	10〜25cm

茎の上部には花と実がつき、葉はついていない。茎が中空で、つぶすことでぱちぱちと音を立てるのでパチパチグサとも呼ばれる

イボクサ

茎は下部で枝分かれして横に這い、節から根をだし、先端部が斜めに立ち上がります。葉腋や枝の先に淡紅色の花をふつう1つずつつけます。3枚の花弁が平らに開き、隙間から緑色の萼片が見えます。全体に軟らかい感じで、やさしげな花は1日花です。葉をもんで汁をつけるといぼが取れるというので、この名がつきました。

花期	9〜10月
花色	淡紅色
生育地	湿地 水田、湿地、溝、池畔
分布	本州〜沖縄
別名	イボトリグサ
分類	ツユクサ科 イボクサ属 1年草
高さ	20〜30cm

▼葉は広線形で長さ2〜6cm。柄がなく茎を抱く。花径13mm、花弁の先はピンクを帯び中心は色が薄くなる

トチカガミ

水底を茎が横に這い、節から根を出し長い柄をもつ葉を水面に伸ばします。葉の裏の中央にスポンジ状の気胞があり、浮き袋の役目をしますが、密集して水面上に押し上げられると気胞はなくなります。細い柄が水面より上に出て花をつけます。名のトチはスッポンのことで、艶々した丸い葉を鏡に見立てて、名づけられました。

花期	8〜10月
花色	白色
生育地	湿地：湖沼、小川、溝
分布	本州〜沖縄
分類	トチカガミ科 トチカガミ属 多年草
高さ	水深による

▲花は3弁で花径2.5cm、水面より上で咲き1日でしぼむ。雌雄異株で写真は上も下も雄株

▼葉は長い柄をもつ丸いハート形で、縁に鋸歯がない

ミズアオイ

水葵

全体に無毛で軟らかで、葉よりも高く花茎（かけい）を伸ばし、先端に青紫色の花を多数咲かせます。花は1日花です。近年は水質環境の悪化から激減しています。古名を菜葱（なぎ）といい、昔はこの葉を食用にしました。水中に生え、艶がある心形の葉がカンアオイに似ているのが名の由来です。属が異なるホテイアオイは野生化して害草になっています。

花期	9〜10月
花色	青紫色
生育地	湿地 水田、沼地、水湿地
分布	全国
分類	ミズアオイ科 ミズアオイ属 1年草
高さ	20〜40cm

水中に生え、古くは菜葱と呼んで、ネギのような野菜として食用にした

▲花径は2.5〜3cm。楕円形の花被片が6枚あり、各片ともほぼ同じ大きさである

ホテイアオイ

熱帯アメリカ原産の水面に浮く水草。花は6枚の裂片に分かれて、その中の1枚は中央に黄色の斑点がある

コナギ

万葉時代から親しまれていますが、水田の雑草です。数本の茎が群がって出て、それぞれに艶のある厚い葉が1枚ずつつきます。長い葉腋の基部が鞘状になり、その間から短い花序を出し、花を少数つけます。花が終わると花序が下向きに曲がります。名のナギはミズアオイ（➡P274）の古名で、ミズアオイに似て小形であることが由来。

花 期	9〜10月
花 色	青紫色
生育地	湿地 水田、溝、沼地、水湿地
分 布	本州〜沖縄
分 類	ミズアオイ科 ミズアオイ属 1年草
高 さ	20cm内外

▲花序は葉柄の基部につき、花径1.5〜2cm、花被片が6枚ある

▲全体にミズアオイに似ているが、花序が短く、葉の上に出て花が咲くことはない

ウリカワ

主に塊茎でふえますが、ランナーの先につく球茎でもふえるので、繁殖力が強く水田の厄介な雑草です。線形の葉が根際から多数群がって伸びます。花茎は直立して水面上に出て、1〜2段に輪生した白い花をつけます。ふつう上部に少数の雄花、下部に雌花を1つつけます。葉がマクワウリの皮を縦にむいたように見えるのが名の由来。

花 期	7〜10月
花 色	白色
生育地	湿地；水田、湿地、浅い沼
分 布	本州（福島県以西） 〜沖縄
分 類	オモダカ科 オモダカ属 多年草
高 さ	10〜30cm

柄をもたない葉は長さ10〜15cmで根生する。花弁は3枚で花径1.5〜2cm。雄花は長い柄をもち雌花は無柄

アギナシ

顎無し

全体がオモダカに似ていますが、矢じり形の葉は細長くスリムです。また、オモダカのようなランナーを出さず、秋に葉柄の基部に小さな球芽をつけます。花は3個ずつ数段に輪生してつきます。名は、初期に出る葉はへら形で、成葉のような下の2つの裂片がないため顎なしと呼ばれたのが転じて、アギナシになったといわれています。

花 期	7〜10月
花 色	白色
生育地	湿地：水田、浅い池
分 布	北海道〜九州
分 類	オモダカ科 オモダカ属 多年草
高さ (花茎)	30〜80cm

▲葉は根際から出て長い柄をもつ矢じり形。裂片は細長く、上に伸びる頂裂片は下の側裂片より長い

▼花は白色の3弁花で、花茎の上部に多数の雄花が、下部に数個の雌花がつく

オモダカ

面高

地下のランナーの先に小さな球茎をつくってふえます。白い3弁の花が3個ずつ1節に輪生し、下から次々に咲いていきます。雌雄異花で、上に雄花が、下に雌花が咲き、朝開いて夕方に閉じる1日花です。球茎が大きい食用のクワイは本種の改良種です。矢じり形の葉が人の顔に似て、長い葉柄の上に高くつくことが名の由来です。

花 期	7〜10月
花 色	白色
生育地	湿地 水田、湿地、浅い沼
分 布	全国
分 類	オモダカ科 オモダカ属 多年草
高 さ	20〜80cm

▼葉は基部が2つに裂けた矢じり形で柄が長い。下の側裂片のほうが上の頂裂片より長い

▼花径1.5〜2cm。白い花弁が開いているのは雄花

ヘラオモダカ

───┤箆面高├───

花期	7〜10月
花色	白色
生育地	湿地：水田、溝、浅い池
分布	全国
分類	オモダカ科 サジオモダカ属 多年草
高さ	35〜100cm

泥の中に短い根茎があり、長い柄をもつへら形の葉が根元から群がって出ます。直立した花茎の節ごとに枝が3本ずつ輪生し、枝の先に白い花弁が3枚ある花を多数つけます。オモダカに似た花とへら形の葉をつけるのが名の由来です。よく似ているサジオモダカは、葉が楕円形のさじ形で、基部が円く、葉柄との境がはっきりしています。

▲花茎は枝を3本ずつ輪生状に出すことを繰り返し、円錐状に花をつける

サジオモダカ

楕円形の葉の形が匙のようなのでこの名がある。葉の基部が円形で葉柄と葉身の境がはっきりしている

花は両性花で花径1cm。白い3枚の花弁と6本の雄しべ、多数の雌しべがある

277

ウシクグ

牛莎草

花期	8〜10月
花色	紫褐色
生育地	湿地：田の畦、湿った荒地、休耕田
分布	北海道〜九州
分類	カヤツリグサ科カヤツリグサ属 1年草
高さ	20〜70cm

全体をもむとレモンのような香りがします。広線形の葉は根元から出て、その間から三角柱状の太い茎が立ち上がります。茎の先端に長い苞をつけ、苞の間から傘形に長短不同の細い柄を出し、その先に花穂をつけます。名のクグはカヤツリグサの仲間の古い呼び名で、全体に大形で、果穂が紫黒色であることが名の由来といわれています。

全体に大形で、葉のような数枚の苞の間から線香花火のように枝を出し、穂状に小穂を多数つける

タマガヤツリ

球蚊帳吊り

花期	8〜10月
花色	緑色〜紫黒色
生育地	湿地：田の畦、沼や溝の脇、湿地、休耕田
分布	北海道〜沖縄
分類	カヤツリグサ科カヤツリグサ属 1年草
高さ	20〜40cm

▲湿地にふつうに生える中型のカヤツリグサの仲間

三角状の太い茎は基部に数枚の線形の葉をつけます。茎の先に葉と同じような長い苞葉がある花序を出し、長楕円形の小穂が球状に集まってつきますが、団子状のものは何個もつきます。花穂の色は変異があって、緑色から黒っぽいものまで色々あります。カヤツリグサ（➡P231）に似て、花穂が球状であることが名の由来です。

▼茎の先に2〜3枚ある苞の中心から団子のような球形の花穂がでる

ヒメクグ

姫莎草

花期	7～10月
花色	緑色
生育地	湿地 田の畔、湿った空き地
分布	北海道～沖縄
分類	カヤツリグサ科 カヤツリグサ属 多年草
高さ	10～30㎝

根茎が横に張って繁殖する。3枚の葉状の苞の上に緑色の球形の小穂がつく

横に長く伸ばした地下茎から三角状の茎を立ち上げます。茎の基部には短い線形の葉を少数つけています。葉は光沢があり、軟らかです。茎の先に3枚の葉のような苞葉がつき、その間に多数の小穂をつけた小さな球形の花序を1つつけます。全体に小形であることが名の由来です。クグはカヤツリクサの仲間の古い呼び名です。

ヒンジガヤツリ

品字蚊帳吊り

花期	8～10月
花色	緑褐色
生育地	湿地：田の畔、休耕田
分布	本州～沖縄
分類	カヤツリグサ科 ヒンジガヤツリ属 1年草
高さ	5～30㎝

▼小穂は通常3個だが、ときには2個または4～5個つくこともある

▲全体に小形で無毛。葉は根生して茎の基部だけに少数つく

細い線形で軟らかな葉が根元から群がって出ます。葉の間から多数の細い茎が立ち上がり、茎の先に柄をもたない卵円形の小穂をふつう3個つけます。花穂の下には長く伸びた葉のような苞葉が2枚ついています。2枚の苞葉の長さは長短不同です。小穂が3個集まって、まるで品の字をかたどるようについているのが名の由来です。

マツカサススキ

松毬薄

花 期	8〜10月
花 色	褐色
生育地	湿地：休耕田、沼地、湿地、水辺
分 布	本州〜九州
分 類	カヤツリグサ科 アブラガヤ属 多年草
高 さ	1〜1.5m

光沢のある線形の葉が長く伸び、太くて硬い茎の基部を筒状の鞘になって包みます。茎の先や上部の葉腋から3〜5個の花序を出し、楕円形の柄のない小穂が十数個ずつ集まった花穂をつけます。穂の下についている葉状の苞葉が3〜5枚ついています。ススキのような姿で、球状についた花穂をマツカサに見立てたのが名の由来です。

大形で太い茎が直立し、花穂ははじめ緑色だが、小穂が熟してくると茶褐色になる

ヒデリコ

日照子

花 期	7〜10月
花 色	赤褐色
生育地	湿地：水田、田の畦、湿地、川岸
分 布	本州〜沖縄
分 類	カヤツリグサ科 テンツキ属 1年草
高 さ	10〜40cm

▲赤褐色の卵円形の小穂は小さく長さ3mm前後、多数の枝を出した花序に散らばってつく

全体に無毛です。扁平な茎に、アヤメのような剣状線形な葉が左右2列に並んで扇形につきます。直立する茎は葉よりも上に出て、数回分枝した花序に小さな球状の小穂が線香花火のように多数つきます。花序より短い苞葉が数枚つきます。名のコは苗という意味で、夏の日照りにもまけずに繁茂するのが名の由来です。

▼夏の終わりから秋にかけて茶色い花が咲く。果期は小穂の色がより濃くなる

サンカクイ

湿地 秋

―――三角藺―――

花期	7〜10月
花色	さび褐色
生育地	湿地：湿地、沼地
分布	全国
別名	サギノシリサシ
分類	カヤツリグサ科 フトイ属 多年草
高さ	50〜120cm

地下茎が横に長く這い、節から茎を伸ばします。葉は退化して、ふつう茎の基部に長さ10cmほどの葉鞘だけになっています。茎の先に卵形の小穂が2〜3個ずつつき、茎に連続して苞葉が直立します。姿がイに似て、茎の断面が三角形なのが名の由来です。同じように湿地に生え、よく似たカンガレイは小穂が球状に集まってつきます。

▲茎の先端に数個の小穂が短い柄について垂れ下がる。小穂の上のとがった部分は長さ2〜5cmの苞葉である

◀茎の断面は名前どおり、三角形をしている

カンガレイ

茶色い小穂は5〜20個が球状に集まって、金平糖のようにつく

▲直立した苞の先がとがっていることから、サギノシリサシの別名がある

イ

藺

花 期	6〜10月
花 色	淡緑色
生育地	湿地：湿地、水田
分 布	全国
別 名	イグサ、トウシンソウ
分 類	イグサ科 イグサ属 多年草
高 さ	25〜100㎝

短い地下茎が横に這い、そこから円柱形の茎を伸ばし、紫褐色の鱗片状の葉が茎の基部に数個つきます。花は茎の先端に多数集まって穂状につきますが、茎と同じ形の苞葉が花穂の上に伸びるので、花が茎の途中についているように見えます。仲間のクサイは、線形で扁平なふつうの葉がつき、花は茎の先に集散花序につきます。

▲花は茎の先端につき、花より上の部分は苞である

クサイ

イと違って葉身のある葉をつける。田畑の周りにも見られ、踏みつけによく耐える

◀名の由来はよくわからないが、昔、茎の髄を行灯の灯心に用いたことからトウシンソウの別名がある

ススキ

─ 芒、薄 ─

花 期	8～10月
花 色	黄褐色、紫褐色
生育地	湿地：草地、土手、道ばた
分 布	全国
別 名	カヤ、オバナ
分 類	イネ科 ススキ属 多年草
高 さ	1～2m

秋の七草のひとつとして、万葉の頃から親しまれています。株もとから茎が群がって出て大株になり、茎の先の花穂に黄褐色や紫褐色を帯びた小穂を多数つけます。細長い線形の葉は縁がざらつき、中央の脈が白く目立ちます。オギは、小穂の基部に銀白色の長い毛が小穂を隠すように密生するので、穂がススキよりふさふさしています。

オギ

花穂は長さ25～40cm、葉は長さ80cmと大形。名の意味は不明で、荻は漢名

▼花穂は長さ20～30cm、十数本の枝を放射状に出して隙間なく小穂をつける

▲風にゆらぐ姿が獣の尾に似ていることから尾花の古名があり、十五夜のお月見にも欠かせない

ヨシ

葦、蘆、葭

地下茎が泥中を長く這って群生します。直立する茎の節に広線形の葉が2列に互生し、大きな円錐形の花序に多数の小穂をつけます。小穂は紫色から紫褐色に変わります。もともとの名はアシですが、アシは「悪し」に通じるので、ヨシの名が一般的になりました。よく似たツルヨシは、茎の下部からランナーを出して地表を長く這います。

花期	8〜10月
花色	淡紫褐色
生育地	湿地：池沼、川岸、湿原
分布	全国
別名	アシ
分類	イネ科 ヨシ属 多年草
高さ	1.5〜3m

ツルヨシ

全体にやや小形で、円錐花序は長さ12〜30cm。茎の節に白い毛がある

▲鋭くとがった緑の芽が水辺に突き出る様子を蘆の角といい、春の季語になっている

◀茎の先は長さ20〜40cmの円錐花序になって、多数の小穂が密生する

ツワブキ

石蕗

花期	10〜12月
花色	黄色
生育地	海岸：海岸付近
分布	本州 (石川、福島県以西) 〜沖縄
分類	キク科 ツワブキ属 多年草
高さ	30〜75cm

常緑で花が美しく、日なたでも日陰でもよく育つので観賞用に庭にも植栽されます。太い根茎（こんけい）から長い柄（え）をもつ腎臓形の葉が伸びだしますが、芽吹き始めた頃は葉が内側に巻き込まれ、灰褐色の毛に覆われています。この毛は生長とともになくなります。晩秋から冬にかけて太い花茎（かけい）に小ギクのような鮮黄色の花を開きます。

▲名は、フキに似た光沢のある葉をつけるので、ツヤブキがなまってツワブキになったといわれ、単にツワとも呼ぶ

▼海岸近くに自生するが、光沢のある厚い葉は、葉裏や葉柄の毛とともに潮風や乾燥に耐えるのに役立つ

▲太い円柱形の茎が何本も立ち上がり、花径5cmほどの頭花を多数つける

アシズリノジギク

足摺野路菊

ノジギクの変種で、全体に小型です。3つに中裂した葉は小さくて厚みがあり、裏と縁に灰白色の毛が密生して覆輪が入っているように見えます。枝の先につく頭花はノジギクよりたくさんつき、白い舌状花は後に淡紅色に変わり12月のころまで次々と咲きます。ノジギクは葉がふつう5中裂し、表は緑色、裏は白毛が密生しています。

花期	10〜12月
花色	白色
生育地	海岸：海岸の崖
分布	高知県、愛媛県
分類	キク科 キク属 多年草
高さ	60〜90cm

▲頭花は枝の先に多数つき、周囲に白い舌状花が1列に並び、中心に黄色の筒状花が集まる

ノジギク

花径3〜3.5cm、枝の先に少数つく

◀名は、高知県の足摺岬に生えるノジギクという意味。茎は基部が倒れ、上部が斜上して多数の枝をだす

イソギク

磯菊

花期	10〜12月
花色	黄色
生育地	海岸：海岸の岩場
分布	千葉県〜静岡県、伊豆諸島
分類	キク科 キク属 多年草
高さ	20〜40㎝

茎が根元から群がり出て、下部で曲がって立ち上がり、上部に倒披針形の厚い葉が密に互生します。茎の先にふつう筒状花からなる黄色の花が多数つきます。栽培もされ、菊人形つくりなどにも利用されます。名は、磯に生えるキクの意味です。まれに舌状花をつけるものがあり、ハナイソギクと呼ばれて観賞用に栽培されています。

筒状花

! 頭花は筒状花だけで花弁状の舌状花がない

▲頭花は花径5〜6㎜。筒状花だけからなり枝先に集まって上向きに咲く

▲厚手の葉は上半分が浅裂し、表面は緑色で、縁と裏面には毛が密生して銀白色

ハナイソギク

筒状花のまわりを花弁状の舌状花が取り巻くものがまれにある

▲日本の固有種。細長い地下茎を伸ばして海岸の崖などに群生する

アゼトウナ

畦唐菜

花期	8〜12月
花色	黄色
生育地	海岸：海岸の岩場
分布	本州（伊豆半島以西）〜九州
分類	キク科 アゼトウナ属 多年草
高さ	10〜20㎝

岩盤の割れ目にも根を張ることができるため、切り立った崖でも群落をつくって成育しています。へら形で縁に小さな鋸歯のある厚い葉がロゼット状につき、茎葉は茎を抱きます。根生葉の間から花茎が斜上し、黄色い花が集まってつきます。日光を好み、日が照ると花を開き、雨の日や夜には閉じます。茎や葉を切ると乳液が出ます。

頭花は舌状花のみで、花径1.5㎝。枝の先にびっしりつき、晩秋から初冬にかけて花盛りになる

▼花は日光に当たって開き、開花した固体は枯れる

▲太い根が真っ直ぐに下り、岩の裂け目にも根が張れるので、ほかの植物と競合しないで生育できる

ワダン

海菜

花 期	9～11月
花 色	黄色
生育地	海岸：海岸の岩場、礫地
分 布	本州（千葉、神奈川、静岡県、伊豆七島）
分 類	キク科 アゼトウナ属 多年草
高 さ	30～60cm

茎や葉を切ると白い乳液がでます。地ぎわの根生葉の間から、細い側枝を数本出し、先端に黄色い花をたくさんつけます。多年草ですが、花を咲かせた株は枯れます。名は、ワタナが転化したもの。ワタとは海のことで、海岸に生える菜の意味です。よく似たホソバワダンは、沖縄ではンギャナと呼んで、野菜として利用しています。

▲厚いへら形の葉の間から出す側枝の先に多数の頭花が密集して咲く。花径1cm、舌状花はふつう5枚つく

ホソバワダン

本州西部～沖縄に分布。側枝の先につく花は10個内外、平らに開き舌状花が8枚以上ある

▲潮風が吹きつけるような海岸の岩場に生え、根生葉腋から出る枝は地上を這い、先が斜上する

ハマギク

──── 浜菊 ────

茎の下部が太く木質化して冬でも枯れずに残ります。へら形で柄をもたない葉がくっつきあうように互生し、茎の上部で分枝した枝の先に1つずつ上向きに花を開きます。光沢のある葉と、白い端正な花が美しく、栽培も容易なことから、江戸時代から観賞用に栽培もされています。属の異なるコハマギクは長い地下茎でふえます。

花期	9～11月
花色	白色
生育地	海岸：海岸の岩場、砂浜
分布	本州（茨城県以北）
分類	キク科 ハマギク属 低木状多年草
高さ	50～100cm

▲日本特産で、茨城県～青森県までの太平洋側の海岸の崖や砂浜に自生し、名は海岸に生えるキクの意味

▲肉厚で光沢がある葉は長さ5～9cm。上半分に浅い鋸歯があり、密に互生する

▲頭花は花径6cm、野生ギクのなかでは最も大きな花を咲かせる

コハマギク

北海道～茨城県の太平洋側に分布。頭花はハマギクより小さく舌状花の数が少ない

シロヨモギ

白蓬

地下茎を長く伸ばしてふえます。花を
つけるとき以外は草丈が低く、純白の
短い毛に覆われた厚みのある葉が根生
葉のように群がってつくので、とても
美しいものです。夏になると茎を伸ば
して、枝の先にほぼ球形の頭花がやや
下向きにつきます。ヨモギの仲間で、
全体が雪のような白い綿毛に覆われて
いるので、この名があります。

花 期	8〜10月
花 色	白色
生育地	海岸：海岸の砂地
分 布	北海道、本州の茨城県と新潟県以北
分 類	キク科 ヨモギ属 多年草
高 さ	30〜60cm

▲頭花はヨモギの仲間では大きく、長さ7mm、先はわずかに黄色みを帯びる

▼海岸の砂地に生え、全体が白い綿毛に覆われる。
葉は羽状に中ほどまで裂ける

フクド

全体に白緑色を帯び、メロンのような
香りがします。直立した茎は上方でよ
く分枝して円錐状になり、羽状に深く
裂けた葉が互生します。上部の側枝に
頭花が下向きに多数つき、花を咲かせ
ると枯れます。名の意味は不明ですが、
海に注ぐ河口の泥地に生え、潮が満ち
ると海水に浸かるようなところに多い
ので、ハマヨモギの別名があります。

花 期	9〜10月
花 色	黄色
生育地	海岸：海岸や河口の泥地
分 布	近畿地方〜九州
別 名	ハマヨモギ
分 類	キク科 ヨモギ属 越〜多年草
高 さ	30〜90cm

満潮時に海水に浸
かるような場所に
群生し、長さ3〜
5mmの頭花がうつ
むいて開く

オカヒジキ

―― 陸ひじき ――

茎は下部から分枝して横に這うか、斜上して長さ30cm前後になります。肉質で先がとがった円柱形の葉が互生し、葉腋に柄のない小さな花が1つずつ開きます。花は花弁がなく、5本の雄しべの黄色い葯が目立ちます。海草のヒジキに似て、若葉を食べるのが名の由来。別名も緑の葉が海産の緑藻に似ていることからついた名です。

花 期	7～10月
花 色	淡緑色
生育地	海岸：海岸の砂地
分 布	全国
別 名	ミルナ
分 類	ヒユ科 オカヒジキ属 1年草
高 さ	地を這う

茎が砂の上を這って10～40cmの長さに伸びて、四方に広がる

▼花は注意しないと気づかないくらいに小さい。花弁がなく、5個の萼片と2個の小苞がある

▲全体に無毛で若いうちは茎も葉も軟らか。茎の先7～10cmほどのところを摘み取り、茹でて食べる

アッケシソウ

厚岸草

花期	8〜9月
花色	淡緑色
生育地	海岸：海岸の湿地
分布	北海道,本州（宮城県）、四国
別名	サンゴソウ、ヤチサンゴ
分類	ヒユ科 アッケシソウ属 1年草
高さ	10〜35cm

初め緑色の茎が秋になると真っ赤に色づくので、珊瑚草や谷地珊瑚の別名がある。絶滅危惧種に指定されている

塩生植物のひとつで、海水をかぶるような海岸の砂地に群生します。節のある多肉質で円柱形の茎が直立し、多数の枝が対生してつき、葉は退化して小さな鱗片状になっています。節間の両側に窪みがあり、その窪んだところにごく小さな花が3個咲きます。北海道厚岸町の牡蠣島で初めて発見されたことから、この名があります。

ハマカンゾウ

浜萱草

花期	7〜10月
花色	橙黄色
生育地	海岸 海岸近くの草地、斜面
分布	本州（関東以西）〜北海道
分類	ツルボラン科 ワスレグサ属 多年草
高さ	70〜90cm

▼ノカンゾウに似ているが、やや大形で花径9cm。花被片の先が反り返る

▲広線形の葉は2列に出て、上部が外に曲がる。冬でも枯れずに残る

地下茎が地中を横に這って繁殖します。広線形の葉は根元から2列に並んで多数出て、上部が外側に垂れ下がり、冬も枯れません。葉が集まった中から細長い円柱形の花茎が立ち上がり、上部で二又にわかれてそれぞれに数個ずつユリ形の花をつけます。花は朝開いて夕方しぼむ一日花です。名は、海辺に生えるカンゾウの意味です。

ハマナデシコ

浜撫子

ほかのナデシコのような線形の葉とは異なり、強い日差しや潮風を受けても適応できるように光沢のある厚い葉が特徴で、対生します。茎の先に集まって花がつき、先端が浅く細かに切れ込んだ5枚の花びらが平らに開きます。海辺に生えることが名の由来で、花色が藤色に近い紫紅色なので、フジナデシコの別名もあります。

花 期	7〜10月
花 色	紅紫色
生育地	海岸 海岸の岩場、礫地、草地
分 布	本州〜沖縄
別 名	フジナデシコ
分 類	ナデシコ科 ナデシコ属 多年草
高 さ	15〜50cm

茎が数本群がって立ち上がり、下部は木質化して太く丈夫で、海岸の岩場などに生えるほか、庭にも観賞用に植栽される

▲茎葉は卵形または長楕円形で、長さ4〜8cm。厚くて艶があり海辺の生育に適応できる

▲枝先に花が密集して咲く。花弁の長さは6〜7mmで、雄しべが10本ある

ソナレムグラ
──── 磯馴葎 ────

花期	8〜11月
花色	白色
生育地	海岸：海岸の岩場
分布	本州（千葉県以西）〜沖縄
分類	アカネ科 シマザクラ属 多年草
高さ	5〜20cm

常緑の多年草で、葉の長さ1〜2.5cm。茎は分枝し、下部は倒れるように伏して広がる

全体に無毛で、茎は群がって生え、よく枝分かれして岩の上などを這うようにして広がり、上部は斜めに立ち上がります。細長い倒卵形の厚い葉が対生し、枝の先に白い花が集まって咲きます。花は壺形で先端が4裂して平らに開きます。名のソナレは海岸に生えることを意味し、光沢のある肉厚の葉をつけ、海浜植物らしい草姿です。

ラセイタソウ
──── 羅世板草 ────

花期	7〜10月
花色	淡緑色
生育地	海岸：海岸の岩場
分布	北海道南部〜紀伊半島までの太平洋岸
分類	イラクサ科 カラムシ属 多年草
高さ	50〜70cm

対生する葉は倒卵形で先が2裂することが多い。葉腋に雌雄の別がある小さな花を穂状につける

日本特産の植物です。海岸の岩の間などに生育するため、厚くてしわが多い、ゴワゴワした葉が特徴です。雌雄同株で小さな花を葉腋に穂状につけます。雄花穂は黄白色で茎の下部に、雌花穂は淡緑色で上部につきます。名はポルトガル語です。葉の表面が羅紗に似た手触りの毛織物のラセイタに似ているところから名づけられました。

イガガヤツリ

毬蚊帳吊り

▲低地の湿地などにも生えるが、主として海に近い湿った砂地で見られる。茎は葉よりも高く伸びる

花 期	8〜10月
花 色	赤褐色
生育地	海岸 海岸近くの砂地、草地
分 布	本州（関東以西） 〜沖縄
分 類	カヤツリグサ科 カヤツリグサ属 多年草
高 さ	10〜30cm

ひげ根を出す短い地下茎があり、小さな株をつくり、株の中から数本の硬い茎を立ち上げます。軟らかな細長い線形の葉の下部は鞘になって茎を包み、茎の先端に線形で先がとがった小穂が集まってふつう1つつきます。花序の下には数本の葉状の苞が開きます。小穂が集まった花穂の姿がまるでクリのいがのようなので、この名があります。

▲花序より長い苞葉の中心に小穂が密集して1個つくが、枝（花序枝）を出して小穂をつけることもある

ハマスゲ

浜菅

▲光沢のあるやや硬い深緑色の葉をつけ、ひどい乾燥にも耐えて群生する

花 期	7〜10月
花 色	赤褐色
生育地	海岸 海岸、河川敷、道ばた
分 布	本州〜沖縄
別 名	コウブシ
分 類	カヤツリグサ科 カヤツリグサ属 多年草
高 さ	10〜40cm

細長い地下茎を伸ばし、先端に塊茎をつくってふえます。線形の葉が数枚群がって出た中から茎を立ち上げます。茎の先に2〜3枚の苞葉をつけ、その間から数本の枝を出し、それぞれに小穂をやや穂状につけます。海の近くの日当たりのよい砂地に多く生えることが名の由来。地下茎につく塊茎を香附子と呼び、漢方で薬用にされます。

▼三角柱のやや細い茎の先に、線形の小穂が斜めに開いてつく

花のつくり

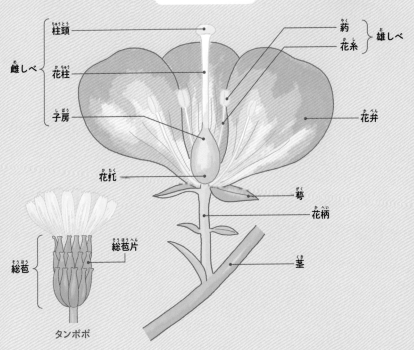

柱頭

花柱

子房

雌しべ

葯

花糸

雄しべ

花弁

花托

萼

花柄

総苞片

総苞

茎

タンポポ

子房の位置

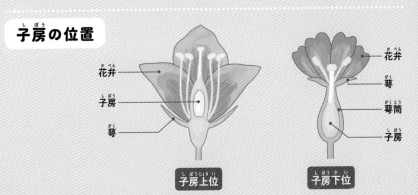

花弁

子房

萼

花弁

萼

萼筒

子房

子房上位

子房下位

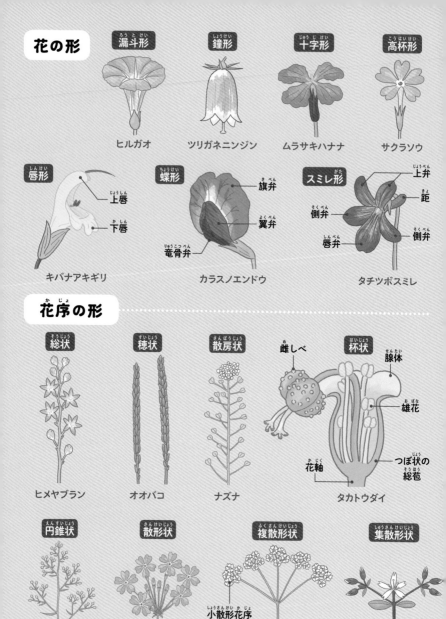

花の形

漏斗形（ろうとけい）
ヒルガオ

鐘形（しょうけい）
ツリガネニンジン

十字形（じゅうじけい）
ムラサキハナナ

高杯形（こうはいけい）
サクラソウ

唇形（しんけい）
上唇（じょうしん）
下唇（かしん）
キバナアキギリ

蝶形（ちょうけい）
旗弁（きべん）
翼弁（よくべん）
竜骨弁（りゅうこつべん）
カラスノエンドウ

スミレ形（がた）
上弁（じょうべん）
距（きょ）
側弁（そくべん）
側弁（そくべん）
唇弁（しんべん）
タチツボスミレ

花序の形（かじょ）

総状（そうじょう）
ヒメヤブラン

穂状（すいじょう）
オオバコ

散房状（さんぼうじょう）
ナズナ

杯状（はいじょう）
雌しべ（め）
腺体（せんたい）
雄花（おばな）
花軸（かじく）
つぼ状の総苞（そうほう）
タカトウダイ

円錐状（えんすいじょう）
オオアレチノギク

散形状（さんけいじょう）
サクラソウ

複散形状（ふくさんけいじょう）
小散形花序（しょうさんけいかじょ）
セリ

集散形状（しゅうさんけいじょう）
オランダミミナグサ

ユリ科の花

内花被片（ないかひへん）

外花被片（がいかひへん）

タカサゴユリ

アヤメ科の花

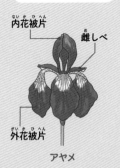

内花被片（ないかひへん）

雌しべ（め）

外花被片（がいかひへん）

アヤメ

ラン科の花

背萼片（はいがくへん）

苞（ほう）

唇弁（しんべん）

側花弁（そくかべん）

子房（しぼう）

側萼片（そくがくへん）

シュンラン

キク科の頭花（とうか）

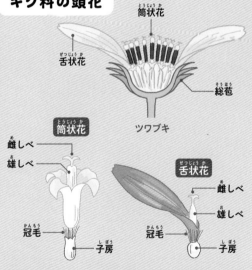

筒状花（とうじょうか）

舌状花（ぜつじょうか）

総苞（そうほう）

ツワブキ

筒状花（とうじょうか）

雌しべ（め）

雄しべ（お）

冠毛（かんもう）

子房（しぼう）

舌状花（ぜつじょうか）

雌しべ（め）

雄しべ（お）

冠毛（かんもう）

子房（しぼう）

筒状花だけ（とうじょうか）

オオアレチノギク

舌状花だけ（ぜつじょうか）

タンポポ

筒状花＋舌状花（とうじょうか ぜつじょうか）

ノコンギク

サトイモ科の花

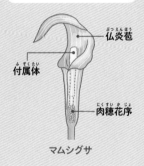

仏炎苞（ぶつえんほう）

付属体（ふぞくたい）

肉穂花序（にくすいかじょ）

マムシグサ

イネ科の花と小穂（しょうすい）

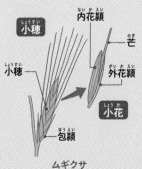

小穂（しょうすい）

内花頴（ないかえい）

芒（のぎ）

小穂（しょうすい）

外花頴（がいかえい）

小花（しょうか）

包頴（ほうえい）

ムギクサ

299

イラストでわかる
植物用語
葉

葉のつくり

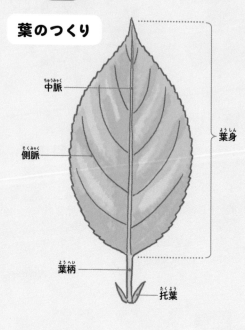

中脈
側脈
葉身
葉柄
托葉

葉の名称

根生葉のみ

根生葉と茎葉

茎葉
根生葉

茎へのつき方

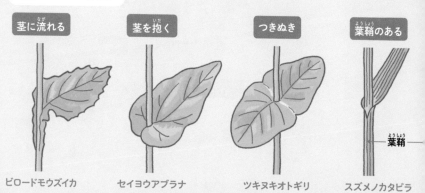

茎に流れる | 茎を抱く | つきぬき | 葉鞘のある

葉鞘

ビロードモウズイカ　　セイヨウアブラナ　　ツキヌキオトギリ　　スズメノカタビラ

葉のつき方

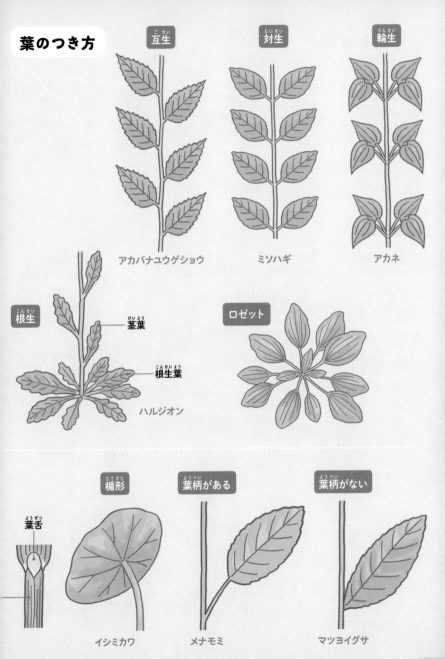

互生
アカバナユウゲショウ

対生
ミソハギ

輪生
アカネ

根生
茎葉
根生葉
ハルジオン

ロゼット

葉舌

楯形
イシミカワ

葉柄がある
メナモミ

葉柄がない
マツヨイグサ

単葉 と 複葉

単葉（3裂）

タガラシ

鳥足状複葉

ヤブガラシ

複葉

奇数羽状

ワレモコウ

偶数羽状

ナンテンハギ

2回偶数羽状

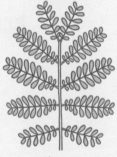

ゼンマイ

3回奇数羽状

アカショウマ

3出

ヌスビトハギ

2回3出

イカリソウ

掌状

オヘビイチゴ

巻ひげ

（小葉が変化）

カラスノエンドウ

スズメウリ

茎の伸びる形

直立する

キクイモ

斜上する

ツユクサ

つる性

ヘクソカズラ

分枝する

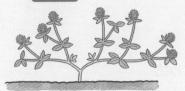
アカツメクサ

叢生する

スズメノテッポウ

匍匐する

ヘビイチゴ

葉の形

腎形（じんけい）
ユキノシタ

楕円形（だえんけい）
ムラサキサギゴケ

卵形（らんけい）
ハキダメギク

へら形（がた）
スベリヒユ

心形（しんけい）
ドクダミ

披針形（ひしんけい）
イヌタデ

倒披針形（とうひしんけい）
ウラジロ
チチコグサ

線形（せんけい）
アヤメ

葉の切れ込み方

掌状裂（しょうじょうれつ）

中～深裂（ちゅう～しんれつ）
ハゴロモルコウ

浅裂（せんれつ）
カラスウリ

羽状裂（うじょうれつ）

全裂（ぜんれつ）
オトコエシ

深裂（しんれつ）
タンポポ

中裂（ちゅうれつ）
ノジギク

浅裂（せんれつ）
ハルジオン

葉の基部の形

くさび形

イノコズチ

切形

イタドリ

耳形

ウマノスズクサ

矢じり形

オモダカ

葉のふちの形

全縁

カワラ
ナデシコ

波状

ギシギシ

鋸歯
（ぎざぎざ）

ヘビイチゴ

重鋸歯
（複雑なぎざぎざ）

ヤマブキ
ショウマ

歯牙
（ぎざぎざ）

ワレモコウ

欠刻
（複雑なぎざぎざ）

ナズナ

葉の先端の形

鋭頭

ミズヒキ

鈍頭

スイバ

円頭

ニシキソウ

凹頭

グンバイヒルガオ

305

イラストでわかる
植物用語
種子

種子の形

角果 2心皮／熟すと裂開

[長角果]

セイヨウカラシナ

[短角果]

ナズナ

痩果

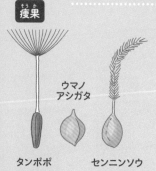

ウマノ
アシガタ

タンポポ　センニンソウ

蒴果 3〜5心皮／熟すと裂開

ゲンノショウコ

タカサゴユリ

豆果 1心皮／熟すと裂開

カラスノエンドウ

液果

ヒヨドリジョウゴ

偽果 子房以外の部分が見かけ上の実の多くの部分を占める

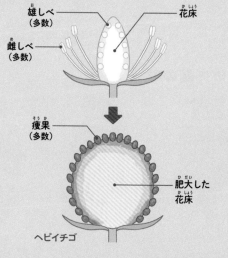

雄しべ
（多数）

花床

雌しべ
（多数）

痩果
（多数）

肥大した
花床

ヘビイチゴ

草花の用語

1日花 (いちにちばな)
開花したその日のうちに、しぼんでしまう花。

1年草 (いちねんそう)
春に種子から発芽し、夏から秋にかけて開花、結実し、冬頃には根まで枯れて、地面に落ちた種子だけが残るもの。

羽状 (うじょう)
1枚の葉が鳥の羽のように切れ込むこと。

羽状複葉 (うじょうふくよう)
葉軸の左右に小葉が対になってついている葉で、全体として1枚の葉を形成している。小葉が奇数枚あるものを奇数羽状複葉、偶数枚あるものを偶数羽状複葉という。

羽状裂 (うじょうれつ)
ノアザミやタンポポの葉のように羽状についている切れ込み。

栄養葉 (えいようよう)
シダ植物で、胞子嚢ができない葉のことをいう。

液果 (えきか)
成熟すると果皮に水分を含み、軟らかく膨らむ果実。

腋生 (えきせい)
花や芽が茎や枝のわきに生えること。

越年草 (えつねんそう)
生活期間は1年以内だが秋に発芽し、冬を越して春になってから花が咲き、実を結ぶと夏までに枯れて種子を残すもの。

外花被 (がいかひ)
花被が2重になっているときの外側にある花被のこと。

開出毛 (かいしゅつもう)
葉柄や茎に直角に生えている毛のこと。

花冠 (かかん)
1個の花にある花弁全部をまとめていう。

萼 (がく)
花冠の外側にある部分。花弁と区別できるものと、花弁のように見えるものとがある。

角果 (かくか)
細長い円柱形やバチのような形をしたアブラナ科に特有な果実。細長いものを長角果、短いものを短角果という。

革質 (かくしつ)
葉の質感を表すときに使う。軟らかい革製品のようにしなやかで、やや厚みのある葉のこと。

萼筒 (がくとう)
萼片の下部が合着して筒状になっている部分。

萼片 (がくへん)
萼の一つひとつをいう。

花序 (かじょ)
花が茎についている、花の集合の状態のこと。

花序枝 (かじょし)
小穂の集まりと茎の先端をつなぐ柄。

花穂 (かすい)
小さな花が集まり、円錐状や円柱状になっている花序。

花被 (かひ)
萼と花冠を総称していう語。個々を花被片という。

株立状 (かぶだちじょう)
根際から多数の茎を分けて生長する状態。

果柄 (かへい)
果実と茎をつなぐ柄。

花柄 (かへい)
1個の花と茎をつなぐ柄のことで、花が複数ついているものは花軸という。

冠毛 (かんもう)
キク科の植物で、子房の上部にある絹のような毛。もともとは萼が変形したもの。

帰化植物 (きかしょくぶつ)
自生植物に対する語で、本来その国になかった植物が人類の移動や動物の媒介によって外国から持ち込まれて繁殖し、定着した植物。

偽茎 (ぎけい)
筒状の葉鞘が重なって花茎を抱き、茎のように見える部分のこと。マムシグサなどで見られる。

逆刺 (ぎゃくし)
逆向きのとげ。

鋸歯 (きょし)
葉のへりにノコギリの歯のようなギザギザがあり、ギザギザの先が葉先に向いているもの。ギザギザが山形になっているものは歯牙という。

くも毛 (くもげ)
クモの巣状になって生えている毛。

群生 (ぐんせい)
同じ種類の植物がまとまって多数生えていること。

茎葉 (けいよう)
茎から出ている葉のこと。根生葉と形が違うことが多い。

互生 (ごせい)
葉が互い違いにつくこと。

根茎 (こんけい)
地中にあって、横に長く伸び、根のような形をしている地下茎。

根生 (こんせい)
葉が根元近くについていること。根そのものから葉が出ることはない。

根生葉 (こんせいよう)
根元近くから出る葉。根出葉ともいう。

蒴果 (さくか)
ヤマユリなどのように熟すと裂けて種子を散らす果実。

自生 (じせい)
人為によらず、もとから自然の中に生育していること。

子房上位 (しぼうじょうい)
子房が萼や花弁のついている位置より上にあることで、上位子房ともいう。

斜上 (しゃじょう)
茎が斜めに立ち上がることで、茎が地上を這うのと、真っ直ぐ立つのとの中間の状態をいう。

雌雄異株 (しゆういしゆ)

雌雄別株ともいい、雄花と雌花がそれぞれ別々の株につくもの。同じ株につくものは雌雄同株。

集合果 (しゆうごうか)

多数の密集した花が果実になり、全体で1つのように見える果実。

小花 (しょうか)

イネ科やキク科の頭花など、密集した花序をつくっている1つひとつの花で、小さい花、細かい花という意味ではない。

掌状 (しょうじょう)

手のひらを広げたような形の葉をいう。

小穂 (しょうすい)

イネ科植物で小花が穂状についている花序のこと。小穂のもとには苞穎が2枚、対になってつき、その上に小花がつく。

小葉 (しょうよう)

複葉につく1枚1枚の葉のことで、小さい葉という意味ではない。奇数羽状複葉で、最頂部につくものをとくに頂小葉、葉軸の側面につくものを側小葉という。

腺毛 (せんもう)

液体を分泌するために先端が小さくふくらんでいる毛。

痩果 (そうか)

種子のように見える小さい果実。

叢生 (そうせい)

束生ともいい、根際から多数の茎が株立ち状になること。

対生 (たいせい)

葉が向かい合ってつくこと。

托葉 (たくよう)

葉の基部にある葉に似た付属物で、とげ状、突起状、鞘状など、さまざまな形がある。

単葉 (たんよう)

茎の節につく葉の葉身が1枚のもの。タンポポのように切れ込んでいるものでも単葉である。

中脈 (ちゅうみゃく)

葉の中央にあるいちばん太い脈のことで、中央脈、中肋、主脈ともいう。

豆果 (とうか)

莢果ともいい、マメ科のエンドウの果実のように、熟すと乾燥して2片に裂ける果実。

内花被 (ないかひ)

花被が2重になっているときの内側にある花被のこと。

2年草 (にねんそう)

種子から発芽したその年には開花せず、2年目になって開花し実を結ぶが、その年の冬までには根も枯れて種子だけが残るもの。

芒 (のぎ)

イネ科の植物の花や果実にある硬くて長い毛状のもの。のげともいう。

葉の基部 (はのきぶ)

葉の先端の反対側で根元の部分をいう。

伏毛 (ふくもう)

茎や葉の表面に圧されたように寝ている毛のこと。圧毛ともいう。

複葉 (ふくよう)
１枚の葉がいくつにも深く切れ込んで、多数の葉に分かれたように見えるもの。

閉鎖花 (へいさか)
花弁が開かず、つぼみのままで自家受精して結実する花。

胞子嚢 (ほうしのう)
胞子をつくり、それを入れている袋状の生殖器。成熟すると胞子を放出する。

胞子葉 (ほうしよう)
胞子をつける葉。シダ植物のゼンマイなどで、胞子嚢をつけない栄養葉と区別して使われる。

苞葉 (ほうよう)
花序の中の部分にある葉の変形したもので、花柄のもとにあるのが小苞、花序全体の基部にあるのが総苞。

匍匐茎 (ほふくけい)
地面を横に這う茎で、節から根を出して新しい株となりふえていく。ランナーともいう。

巻きひげ (まきひげ)
枝や葉の一部分が細長い蔓に変形したもの。ほかのものに巻きついて伸びていく。

耳 (みみ)
葉の基部から後方に突き出ている部分。

むかご
葉腋にでた芽に養分がたまって肥大し、塊状になったもの。珠芽、肉芽ともいう。

無柄 (むへい)
葉や花に葉柄や花柄のないこと。柄があることは有柄という。

葉腋 (ようえき)
葉のわき、葉の付け根のこと。

葉軸 (ようじく)
羽状複葉の小葉と小葉をつなぐ部分。

葉鞘 (ようしょう)
葉の部分が変化して、茎を取り巻く形になっている部分。

葉柄 (ようへい)
葉の一部で、葉身と茎の間にある細い柄。

翼 (よく)
茎や葉柄などの縁に張り出している翼状の平たい部分。ひれともいう。

輪生 (りんせい)
茎の節を囲んで何枚も葉がついていること。葉の枚数により３輪生、４輪生、５輪生などと呼ぶ。

輪生状 (りんせいじょう)
本来は対生や互生だが、輪生のように見えるもの。偽輪生ともいう。

鱗片 (りんぺん)
葉が変形して鱗状になったもの。

ロゼット
根生葉が地面に平たく放射状に広がっている様子をいう。

草花の名前
INDEX

312

著者 文／金田初代（かねだ はつよ）

茨城県生まれ。東洋大学卒業後、出版社勤務。現在、植物専門のフィルムライブラリー（株）アルスフォト企画に勤務。著書・監修書に『持ち歩き! 花の事典970種 知りたい花の名前がわかる』『一日一花を愉しむ花の歳時記366』『葉・花・実・樹皮でひける 樹木の事典600種』『決定版 一年中楽しめるコンテナ野菜づくり85種』（以上西東社）、『道草の解剖図鑑』（エクスナレッジ）、『摘んで野草料理』（創森社）など多数。

著者 写真／金田洋一郎（かねだ よういちろう）

滋賀県出身。日本大学芸術学部写真科卒。フィルムライブラリー（株）アルスフォト企画を経営。植物写真を撮って40余年。園芸植物の写真を中心に撮影活動に従事し、多数の出版物、印刷物に写真を提供。『大きくて見やすい! 比べてよくわかる! 山野草図鑑』『食草・薬草・毒草がわかるハンディ版 野草図鑑』（ともに朝日新聞出版）や、花の写真の撮り方などの著書も多数ある。

イラスト	竹口睦郁
本文デザイン・DTP	佐々木容子（カラノキデザイン制作室）
編集協力	株式会社 帆風社

※本書は、当社ロングセラー『持ち歩き! 野草・雑草の事典532種』（2020年3月発行）を再編集し、書名・内容等を変更したものです。

もあるきであ
持ち歩き 出会ったときにすぐ引ける
くさばなざっそうずかん
草花と雑草の図鑑

著 者	金田初代、金田洋一郎
発行者	若松和紀
発行所	株式会社 西東社
	〒113-0034　東京都文京区湯島2-3-13
	https://www.seitosha.co.jp/
	電話　03-5800-3120（代）

※本書に記載のない内容のご質問や著者等の連絡先につきましては、お答えできかねます。

落丁・乱丁本は、小社「営業」宛にご送付ください。送料小社負担にてお取り替えいたします。本書の内容の一部あるいは全部を無断で複製（コピー・データファイル化すること）、転載（ウェブサイト・ブログ等の電子メディアも含む）することは、法律で認められた場合を除き、著作者及び出版社の権利を侵害することになります。代行業者等の第三者に依頼して本書を電子データ化することも認められておりません。

ISBN 978-4-7916-3309-8